国之重器·丛书

中宣部主题出版重点出版物
科普中国创作出版扶持计划

科普中国
CHINA SCIENCE COMMUNICATION

星耀中国

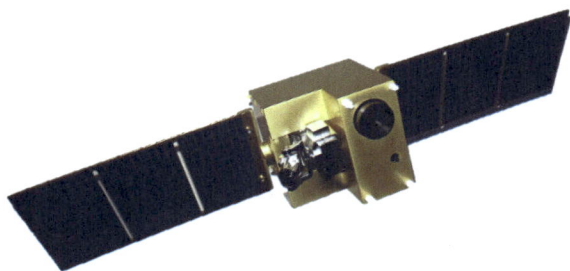

我们的量子科学卫星

印 娟 董 雪 曹 原 张 亮
朱振才 彭承志 王建宇 潘建伟　著

人民邮电出版社
北 京

U0683926

图书在版编目（CIP）数据

星耀中国 ：我们的量子科学卫星 / 印娟等著. --
北京 ：人民邮电出版社，2023.5
（国之重器）
ISBN 978-7-115-61504-6

Ⅰ．①星… Ⅱ．①印… Ⅲ．①量子－科学卫星－介绍
－中国 Ⅳ．①V474.1

中国国家版本馆CIP数据核字(2023)第053998号

内 容 提 要

  量子力学主宰着神秘的微观世界，与相对论并称为现代物理学的两大支柱。从应用的角度来看，它直接催生了半导体、激光等一系列关键产业，改变了人类的生活。从科学的角度来看，量子叠加和量子纠缠的本质、量子力学与相对论能否融合等前沿基本问题研究让一代代科学家前赴后继。时至今日，科学家仍在为之不懈探索。2016年8月16日，"墨子号"发射升空，作为世界首颗量子科学实验卫星，它将人类对量子相关理论及技术的探索扩展到了空间尺度，也让我国在空间量子通信领域完成了从并跑到领跑的跨越。

  本书共5章，第1章带领大家走进神奇的量子世界，介绍量子力学的发展历程及基本原理，为后续介绍"墨子号"的相关工作做铺垫；第2章讲述"墨子号"的诞生始末，重点介绍了科学家在地面做的一系列准备工作；第3章揭开"墨子号"的神秘面纱，前所未有地把"墨子号"的内部构成和工作原理详尽展示出来；第4章介绍"墨子号"的"好朋友"——地面站，以及它们合作完成的一系列重要科学实验；第5章着眼"墨子号"发射之后，梳理国际上的量子卫星发展前沿，以及我国对于空间量子科学实验的未来规划。

  这是第一部系统、全面、细致介绍"墨子号"的图书，由打造"墨子号"的科学家团队和擅长科普的科技记者携手创作，用生动的语言讲述"墨子号"的相关知识，集科学性、知识性、趣味性于一体，适合对物理学和航天感兴趣的中小学生、大学生及大众读者阅读，有益于读者开阔视野、扩展知识面并培养科学兴趣。

◆ 著　　　　　印娟　董雪　曹原　张亮
　　　　　　　朱振才　彭承志　王建宇　潘建伟
　责任编辑　牛晓敏　周璇
　责任印制　马振武
◆ 人民邮电出版社出版发行　　北京市丰台区成寿寺路 11 号
　邮编　100164　电子邮件　315@ptpress.com.cn
　网址　https://www.ptpress.com.cn
　涿州市般润文化传播有限公司印刷
◆ 开本：787×1092　1/16
　印张：10　　　　　　　　2023 年 5 月第 1 版
　字数：131 千字　　　　　2025 年 9 月河北第 8 次印刷

定价：89.80 元
读者服务热线：(010)53913866　印装质量热线：(010)81055316
反盗版热线：(010)81055315

感谢中国科学院任晖供图

专家委员会

吴伟仁
中国工程院院士、中国探月工程总设计师

潘建伟
中国科学院院士、中国科学技术大学常务副校长

王建宇
中国科学院院士、国科大杭州高等研究院院长

陆　军
中国工程院院士、中国电子科技集团公司首席科学家

董瑶海
上海航天技术研究院科技委常委、型号总设计师

以下按姓氏笔画排序：

王大轶
北京空间飞行器总体设计部科技委主任、研究员

朱振才
中国科学院微小卫星创新研究院党委书记、副院长、研究员

杨　军
中国气象局风云气象卫星工程常务副总指挥、工程总师、工程办公室主任

张　哲
深空探测实验室科技发展部部长兼未来技术研究院副院长、研究员

张正峰
北京空间飞行器总体设计部嫦娥五号探测器总体主任设计师、研究员

陈文强
上海航天技术研究院科技委型号总指挥、研究员

彭承志
中国科学技术大学合肥微尺度物质科学国家研究中心研究员

本书编写组 ——

以下按姓氏笔画排序：

王建宇　邓　雷　印　娟　朱振才　李　力

张　亮　陈友州　周　雷　赵于康　骆贝贝

梅善德　曹　原　彭承志　董　雪　童　娅

童　璐　雍海林　蔡文奇　廖胜凯　潘建伟

系列书序

"秋七月，有星孛入于北斗"，早在公元前 613 年，哈雷彗星就被载入史书《春秋》中；而发现于莫高窟藏经洞经卷中的敦煌星图，更是被吉尼斯世界纪录认定为世界上最古老的星图之一。"冥昭瞢暗，谁能极之"，大约 2 300 年前，诗人屈原用长诗《天问》向浩瀚无垠的星空发问，表达了中华民族对自然和宇宙空间不懈的探索精神。

1957 年，世界上第一颗人造卫星发射上天。1958 年，毛泽东主席在中共八大二次会议上提出"我们也要搞人造卫星"，自此开启了我国人造卫星的探索之路。1970 年 4 月 24 日，在酒泉卫星发射中心，中国成功地将自己的第一颗人造地球卫星送上了太空，响彻全球的"东方红"乐曲宣告中国进入了航天时代。

进入 21 世纪，我国载人航天、北斗、探月等重大工程相继实施。在通信卫星领域，"东方红五号"卫星平台首发星成功定点，带动了我国大型卫星公用平台升级换代，中国卫星研制能力跨越式提升。在遥感卫星领域，"高分"系列卫星相继发射，推动我国遥感卫星的空间分辨率迈进亚米级时代。在导航卫星领域，多颗北斗卫星交相辉映，北斗卫星全球导航系统组网完成，我国成为世界上第 3 个独立拥有全球卫星导航系统的国家。

近年来，"悟空"暗物质粒子探测卫星、"墨子号"量子科学实验卫星、"慧眼"硬 X 射线调制望远镜、"太极一号"空间引力波探测技术实验卫星、"羲和号"太阳探测科学技术试验卫星、全球二氧化碳监测科学实验卫星（简称"碳卫星"）等"科学新星"冉冉升起、闪耀太空，在科学家们研究宇宙、探索自然的秘密方面发挥了重要作用。

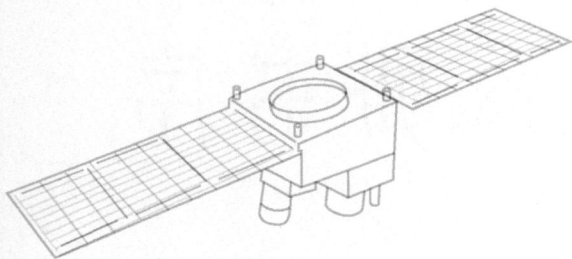

中国国家航天局在"'十四五'及未来一个时期发展重点规划"中指出，要不断增强卫星应用服务能力，支撑经济社会发展。在服务经济发展方面，将推动遥感、通信、北斗导航应用产业化，开发面向大众消费的新型信息消费产品与服务，丰富应用场景，提升大众生产生活品质，推动航天战略性新兴产业发展。因此，了解卫星的工作原理和应用价值，了解卫星是如何影响并改变人们的日常生活的，对生活在"大航天时代"的人们来说，具有很重要的意义。

独立研制人造卫星，是一个国家科学水平和工程水平的集中体现，需要极强的基础工业体系，更需要一代又一代的科技人才接力奋进。为了提高社会大众的科学素养，拓展青少年的科技视野和知识储备，为国家建设培养未来科技人才，我们特别邀请业内权威的作者团队，策划了"国之重器"丛书的"星耀中国"系列，这个系列将带领读者走近风云气象卫星、嫦娥探月卫星、量子科学实验卫星等卫星项目，用图文并茂的形式呈现中国自己的人造卫星，讲述卫星背后的精彩故事，展示卫星研发科技工作者的奋斗成果。

"一个不曾仰望星空的民族是没有希望的民族"，我们相信会有更多的科技爱好者和青少年读者，从中国卫星创新发展的故事中受到启发，继续弘扬科学家精神，追随现代前沿科技的脚步，步入科学的殿堂，成为下一代科技栋梁之材。我们更希望本系列科普图书能带领大家探索浩瀚宇宙，服务国家发展，增进人类福祉！

以书献礼，用心讲好中国卫星故事。谨以此系列图书致敬党的百年华诞，奋楫献礼党的二十大。

专家委员会

——————前言

　　2016 年 8 月 16 日，由中国自主研制的"墨子号"量子科学实验卫星（后续简称"墨子号"）在酒泉卫星发射中心发射升空。作为世界首颗量子科学实验卫星，它创造性地将量子相关理论及技术研究搬上太空，承载了中国乃至世界量子科学研究的期望。

　　"墨子号"是基础物理研究和航天工程两个领域的完美结合，其研制历经了十余年的攻关，实现了一系列领先国际的创新性的关键技术突破，获得了社会的广泛关注和国际学术界的高度评价。2016 年年底，"墨子号"的成功发射入选由中国科学院、中国工程院主办，两院院士评选的 2016 年"中国十大科技进展新闻"，入选《自然》杂志点评的年度国际重大科学事件等。

　　发射升空，对量子科学实验卫星而言只是征程的开始。全球首次千公里级星地量子纠缠分发、首次千公里级星地量子密钥分发、首次千公里级地星量子隐形传态、首次洲际量子保密通话、首个天地一体化量子通信网络……在太空运行的 6 年多时间里，"墨子号"取得的系列成果赢得了巨大的国际声誉，不断刷新量子科学研究的世界纪录，这标志着中国量子通信领域的研究在国际上达到全面领先的优势地位。

　　"墨子号"的成功发射引发了国际上的跟跑，美国、英国、加拿大、日本、印度、新加坡、欧盟等国家和国家集团纷纷提出要加速进行空间量子科学布局，其中不乏发射量子卫星、探索量子互联网等。中国在占据先发优势位置后积极谋划布局，计划在 5 ～ 10 年内发射若干低轨和

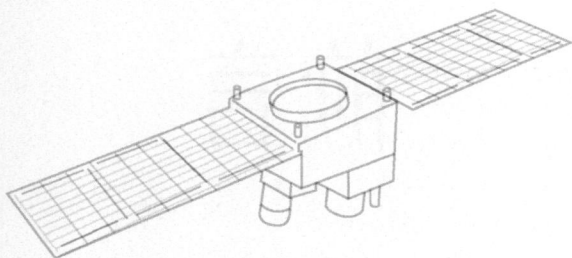

中高轨量子科学实验卫星，构建覆盖整个地球的"量子星座"。届时，中国有望率先建立下一代安全、高效、自主、可控的信息技术体系，并可以探索广义相对论与量子力学融合、广域高精度时频传递等面向更广阔未来的前沿科学。

2022 年诺贝尔物理学奖授予阿兰·阿斯佩、约翰·F. 克劳泽和安东·蔡林格，表彰他们在"纠缠光子实验、验证违反贝尔不等式和开创量子信息科学"方面所做出的贡献。值得一提的是，本书的主角"墨子号"也有幸参与其中。在诺贝尔物理学奖新闻发布会上，"墨子号"的相关工作得到重点展示，正是这些优秀的工作成果推动量子信息由早期的梦想变成现实。

为了向公众讲好中国量子科技发展的故事，展示中国物理及航天事业取得的举世瞩目的成就，本书编写组编写了"国之重器"丛书"星耀中国"系列之《星耀中国：我们的量子科学卫星》。期望本书的出版，可以更好地促进中国量子科学的研究，同时帮助社会各界进一步了解中国量子科技的发展，激励有志于从事物理或航天事业的青年才俊，为建设科技强国和航天强国做出贡献。

本书在编写过程中得到了中国科学技术大学、中国科学院上海技术物理研究所、中国科学院微小卫星创新研究院、新华通讯社、人民邮电出版社等单位的数十位专家和学者的大力支持，在此表示衷心感谢！

目录 ————

第 1 章

神奇的量子世界

感谢杨雳鹏老师供图

想要揭开量子科学实验卫星"墨子号"的神秘面纱，我们需要先了解"量子"这个概念。你可能在生活中或者媒体上听到过或看到过各种与量子有关的概念，但对量子并没有真正的了解。量子好像离人们的日常生活很遥远，科学家们却说："量子无处不在。"你可能对它既感兴趣又充满疑惑，量子是什么？量子真的那么厉害吗？怎么听起来有点玄乎？

出于思维惯性，你可能会很自然地将量子与原子、质子、电子等课堂上学过的粒子联系起来，但实际上，它们完全不在同一层面上。量子是科学家造出来的一个基本物理概念——在微观世界中，假设各个物理量有不能再分下去的最小基本单元，量子就是这些最小基本单元的统称。简单来说，量子不专指某种具体的微观粒子，但原子、质子、电子等基本粒子都遵从量子规律。

本章将带你走进神奇的量子世界，看看量子力学是如何从一个模糊的概念发展成与爱因斯坦相对论并列的现代物理学两大支柱之一的，"叠加态""测不准""不可克隆"的量子又是如何将量子通信变成现实的。

1.1. 一群物理天才的头脑风暴

量子的故事可以从近百年前的一场物理学明星会议——1927 年在比利时布鲁塞尔召开的第五届索尔维会议说起。索尔维会议是物理、化学领域的学术讨论会，其中最出名的就是第五届。会议图片如图 1-1 所示。

这场会议号称聚集了当时全世界 1/3 的"最强大脑"，29 名参会者中一半以上是诺贝尔奖得主，爱因斯坦、玻尔、居里夫人、普朗克、海森堡、薛定谔、玻恩、泡利等大名鼎鼎的科学家都在其中。

▲ 图 1-1　第五届索尔维会议合影绘图，爱因斯坦（第一排右五）、玻尔（第二排右一）、居里夫人（第一排左三）、普朗克（第一排左二）、海森堡（第三排右三）、薛定谔（第三排右六）、玻恩（第二排右二）、泡利（第三排右四）等参会

那么，会议讨论的主题是什么呢？

答案是：量子力学。

当时，正值量子理论破旧立新之际。旧量子论已苦苦摸索了 20 多年，代表新物理学之光的量子力学刚刚破茧而出。物理学家们以爱因斯坦和玻尔为核心分为两大阵营，对量子力学这一新生理论到底是否完备展开激烈辩论。

无论是用海森堡的矩阵版本，还是用薛定谔的波函数版本，来求解量子力学公式只能得到某些结果出现的概率值，并不能像求解牛顿力学公式那样得到确定的结果。

爱因斯坦一派坚信，一定是因为量子力学本身不完备，所以才不能求出确定的结果。玻尔一派不以为然，他们用更加"离经叛道"的理论做出解释：量子力学中的可观测的量的结果就是个概率值，是测不准的。如图 1-2 所示，爱因斯坦说："上帝不掷骰子。"玻尔回应道："不要告诉上帝该怎么做。"

上帝不掷骰子。

不要告诉上帝该怎么做。

▶ 图 1-2　爱因斯坦和玻尔的辩论

　　这次会议作为量子理论发展过程中一个极具典型性和代表性的缩影，其影响延续至今。承前：1900 年至 1926 年，量子概念和量子力学从无到有，以微观见天地；启后：1928 年至今，一个个看似荒谬的理论被接连证实，一个个新颖奇妙的现象被不断发现，以量子理论为基础的半导体、激光等应用相继诞生，这些彻底改变了人们的生活。

1.1.1　早期量子理论"挑战权威"

　　这一节的主角是经典物理学体系里叛逆的"三剑客"：黑体辐射、光电效应和原子模型。因为它们完全不能用当时的经典物理学理论来解释，所以当时的物理学家对它们很头疼。正是因为要解开"三剑客"背后的谜题，物理学家们才创造了量子理论，它让物理学家离真理更近了。

人类历史上有两次科学革命，第一次是以牛顿力学、热力学及电动力学为代表的经典物理学体系的建立，第二次是量子力学和相对论的建立。早期量子理论诞生时，科学界正面临经典物理学的困境：一方面，经典物理学已经趋于完善，是当时的权威；另一方面，一些与光和热有关的现象是物理学家们无法用经典物理学解释的，这些现象被称作晴朗天空中的"乌云"。

德国物理学家普朗克是"量子"概念的创造者，被称为"量子力学之父"。他创造的"量子"概念成功地解释了其中一朵"乌云"——黑体辐射现象。整个过程颇有些"叛逆"，展现出卓越的物理学家为了追求真理，向权威发起挑战的精神。

物体在任何温度下都会辐射各种波长的电磁波，辐射的电磁波的特征与物体的温度、材料和表面状况等有关，例如，随着温度的增加，铁块会从看不出来发光，到发出暗红色的光、橙色的光，再到发出黄白色的光。电磁波包括紫外线、可见光、红外线、无线电波等，铁块在低温时辐射的电磁波主要是低频的红外线，所以人眼看不见。

除了向外辐射电磁波，物体表面还会吸收和反射外界的电磁波，不同物体吸收和反射电磁波的能力也不一样。比如说我们之所以看到物体是白色的，是因为该物体反射了所有频率的光。而黑体是科学家定义的一种理想物体，它能吸收各种电磁波而不发生反射。将不透明的材料做成带小孔的空腔，内壁涂上吸收辐射的涂料，这个空腔就可以近似为黑体，如图 1-3 左图所示。

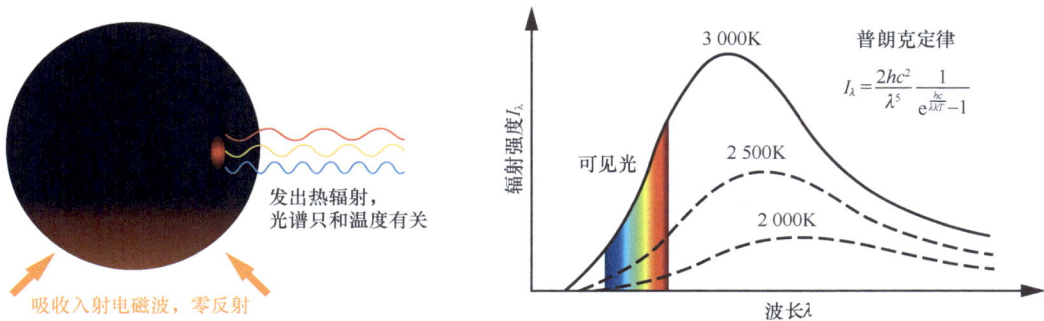

普朗克定律

$$I_\lambda = \frac{2hc^2}{\lambda^5} \frac{1}{e^{\frac{hc}{\lambda kT}}-1}$$

发出热辐射，光谱只和温度有关

吸收入射电磁波，零反射

▲ 图 1-3　黑体辐射和黑体辐射数据

科学家通过实验发现，黑体辐射各种波长电磁波的强度只与温度有关。如图 1-3 右图所示，横轴为波长，纵轴为辐射强度，不同曲线代表不同温度下波长与辐射强度的走势。当温度确定时，黑体的辐射强度随波长的增加先增后减，当达到顶点后，波长越长，辐射强度越小。

然而有趣的是，对于这个清晰明了的实验现象，科学家们绞尽脑汁也无法用公式描述出来。他们写出来的公式要么在长波区符合实验数据，但在短波区不符；要么在短波区符合实验数据，但到了长波区又不符。症结在于，这些公式都是以经典物理学为前提推导出来的，前提错了，结果显然无法正确。

迷局最终被普朗克打破。普朗克在当时国际最权威的物理学期刊《物理学年鉴》上发表了一篇解释黑体辐射现象的论文，该论文改变了经典物理学中的一个重要前提——能量、电磁波等物理量都是连续的。普朗克假定，能量在发射和吸收时并非连续不断，而是分成一份一份的最小能量"量子"，每一份能量"量子"等于 $h\nu$，ν 为辐射电磁波的频率，h 为普朗克常量。

现在国际公认的普朗克常量 $h = 6.626\ 070\ 15 \times 10^{-34}$ J·s。后来因为计算时常用到 $h/(2\pi)$，为避免公式中反复写 2π，又延伸出一个约化普朗克常量 $\hbar = h/(2\pi)$，h 上有一条横杠读作"h 拔"，在薛定谔方程里我们还会见到这个符号。

值得一提的是，普朗克起初并没有觉得这些量子态的能级是真实的，只将其看作一种数学技巧，他期望普朗克常量会在最后的等式中被抵消掉。然而，普朗克常量最终坚挺地根植于黑体辐射定律的方程之中，这说明能量量子化是真实存在的。普朗克首次公开提出能量量子化概念这一天是公元 1900 年 12 月 14 日，被人们看作量子理论诞生日。

"改变了经典物理学中的一个重要前提"，这样一句轻描淡写的话不足以描述普朗克的创举。无论是在现实生活中，还是在经典物理学中，"物理量连续不断"似乎是毋庸置疑的自然规律，如同温度从 28℃ 到 30℃ 是连续上升的，不会跳过中间的 29℃ 一样自然。普朗克"量子"

概念所动摇的是经典物理学建立的根基。

受到"量子"概念的启发，1905 年，伟大的物理学家爱因斯坦用"光量子"假说，解释了另一个困扰经典物理学的谜题——光电效应。虽然爱因斯坦的伟大成就远不止于此，但在这里还是要说明，他人生中唯一一次获得诺贝尔奖，就是因为发现了光电效应。因为爱因斯坦的相对论和引力理论过于超前，获奖通知明确说明，那次诺贝尔奖没有考虑这些理论的价值，将来这些理论得到确认后再考虑其价值。

言归正传，光电效应现在早已融入了我们的生活，需要将光信号转化为电信号的场景都要用到它，比如电视机遥控器就是发射出红外光到电视接收端并将其转化为电信号的。但是在当时，光电效应给经典物理学界造成了很大的困扰，经典物理学无法解释光电效应中的一个现象：为什么照射到一种材料上的光不论光强如何，其频率必须高到某个值，即波长低到某个值，才会有电流出现。

爱因斯坦将光的最小能量单元称为"光量子"，一个光量子的能量为普朗克常量 h 和电磁辐射频率 v 的乘积（$E=hv$）。只有光量子的频率足够高，能量才能足够高，原子中的电子吸收其能量才能跳出原子，形成电流。

基于光量子假说，爱因斯坦进一步提出了光的波粒二象性，终结了牛顿和惠更斯旷日持久的争论。牛顿认为光的本质是粒子，惠更斯认为光的本质是波，他们都能从各自的理论和实践中找到相关支撑，谁也不能说服对方。两个世纪之后，爱因斯坦证明：光既是粒子，又是波，这就是光的波粒二象性。

普朗克、爱因斯坦之后，早期量子理论的第三位奠基人是丹麦物理学家玻尔。提到玻尔，最著名的莫过于他提出的原子模型，但你可能不知道，这一成果与量子密不可分，也正是这一成果让玻尔成为量子理论诞生过程中不可或缺的重要贡献者，如图 1-4 所示。

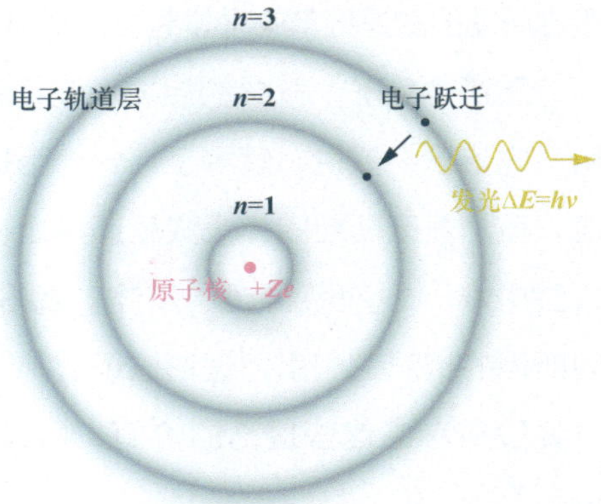
n=3
电子轨道层
n=2
电子跃迁
发光ΔE=hν
n=1
原子核 +Ze

▶ 图 1-4　玻尔和其原子模型图

你可能在中学课堂上学习过，在玻尔原子模型出现之前，科学家提出的原子模型经历了几次升级，从道尔顿的“实心球”，到汤姆逊的正电荷粒子镶嵌电子式“枣糕模型”，又到卢瑟福提出的电子环绕原子核运转。但是，即使是那时最受瞩目的卢瑟福模型依旧存在瑕疵，从经典物理学的角度来看，卢瑟福模型很不稳定，因为变速运动的电子会不断辐射出电磁波、损失能量，最终掉落到原子核上。

1915 年，玻尔应用量子理论一锤定音。他提出，电磁波是量子化的，电子在特定轨道上以原子核为圆心做匀速圆周运动，轨道之间有能量差，离原子核越远，能量越高，如果光子的能量不能满足能量差，电子就不会吸收这个光子从而脱离原有轨道。

这就是早期量子理论诞生的主要历程：普朗克量子假说、爱因斯坦光量子假说、玻尔原子模型。1923 年法国物理学家德布罗意发表了一系列论文，提出物质波假说；1925 年奥地利物理学家泡利提出泡利不相容原理，进一步丰富了早期的量子理论。

1.1.2　量子力学“拨开迷雾”

在早期量子理论的启发下，物理学史上最重要的一次革命——量子力学正式登场。它拨开迷雾，将量子理论从经验式的猜想变成了可量化、可表达的科学方法。

量子力学诞生于 1925 年，年轻的德国物理学家海森堡创造了量子力学的第一种表达方式——矩阵力学。当时，海森堡年仅 24 岁，博士毕业不久，正在担任哥廷根大学教授玻恩的助教。玻恩也是著名的物理学家，他和海森堡相互成就，后来两人先后获得了诺贝尔奖，如图 1-5 所示。

◀ 图 1-5　海森堡（左）和玻恩（右）

海森堡认为，玻尔的原子模型建立在电子的运动速度、轨道上，这些都是现实中不可直接观察或测量不到的物理量，还不能算是科学方法。他计划用实验中可观测的指标，如光谱线的频率、强度等，创造新的量子理论，像牛顿用公式描述宏观世界物体运动的规律一样，海森堡希望将原子内部运动的规律也用公式描述出来。

据说，海森堡完成这项伟大成果时，颇有日夜求索之后灵感迸发的意味。1925 年夏天，患有花粉病的海森堡来到北海的一个小岛上休养，专注地思考量子力学是他在岛上生活的全部。某天凌晨，海森堡茅塞顿开，一气呵成完成了著名的《关于运动学和动力学关系的量子论解释》，这篇论文被称为"从黑暗通向新物理学之光道路上的转折点"。

不过，海森堡的这篇论文在数学方面的处理处于初始阶段，他自创了一种阵列算法，而且仅能应用于一些简单的例子。海森堡将论文送给玻恩审阅，玻恩很快认识到这一成果的重要性，同时发现海森堡的算法可以用矩阵来替代。于是，在玻恩与数学家约当连续几天的紧张计算后，一篇更完整的论文——由海森堡、玻恩、约当三人合写的《关于量子力学》于 1925 年 9 月发表，宣告量子力学正式诞生。

▲ 图1-6 薛定谔

矩阵力学形式的表达过于复杂，并且被证明与接下来要讲到的薛定谔方程是等价的，故本书不再对矩阵力学形式做更多的解释。而且，由于矩阵不是当时物理学家常用的计算方法，矩阵力学诞生后在物理学界没有产生应有的影响，现在提到量子力学，薛定谔的名气反而要更大一些，薛定谔的画像如图1-6所示。

1926年，奥地利物理学家薛定谔用微分方式构建了更直观的量子力学，这就是著名的薛定谔方程。

$$i\hbar\frac{\partial \Psi}{\partial t} = \hat{H}\Psi$$

薛定谔方程中的未知数不是力学量（例如 x ），而是关于力学量的函数 Ψ，另外，$\hbar$ 是前文已讲过的约化普朗克常量。你看到这一堆奇怪的符号组合在一起时可能会一头问号，即使比海森堡的矩阵力学形式简单了很多，薛定谔方程依旧很难说是直观的，其求解过程更是复杂。作为了解，我们只需要知道在一个微观体系中，通过求解薛定谔方程能够知道力学量取值的概率如何分布，以及分布随时间怎样变化。

薛定谔之后，如何将描述微观粒子的量子力学与描述宏观世界的相对论融合起来，成为物理学家们的下一个挑战。最终，英国物理学家狄拉克拔得头筹，提出了狄拉克方程，为建立量子场论奠定了基础。狄拉克方程、薛定谔方程与海森堡的矩阵方程成为量子力学的三大核心公式。

小故事：量子"大佬"们的思想交锋

到这里，普朗克、爱因斯坦、玻尔、海森堡、薛定谔、狄拉克等量子理论诞生过程中的核心人物已经依次出场，除了他们本身对量子理论做出的贡献，他们之间的思想交锋也异常精彩。

让我们回到1927年那场索尔维大辩论，认为量子力学不完备的爱因斯坦可不是孤军奋战，薛定谔也在他的队列之中。更有意思的是，就连如今人们津津乐道的"薛定谔的猫"，都是他用来批判量子力学不完备的思想实验。

薛定谔用宏观事物对微观尺度上的量子叠加态构思了一个不太严谨的思想实验，如图1-7所示：将一只猫关在装有少量镭和氰化物（就是毒药）的箱子里，镭的衰变存在概率，如果发生衰变就会触发机关释放毒药，猫就会死；如果镭不发生衰变，猫就能存活。用量子力学计算猫的死活，得到的结果是猫既死又活。在薛定谔看来，这显然是个有悖于常识的结果，因此他认为推导出该结果的量子力学也不可能完备。

▲ 图1-7 "薛定谔的猫"思想实验

历史的机缘就是这么奇妙。现如今"薛定谔的猫"已经成为解释量子力学的绝佳方式，为了形象地科普量子叠加态的概念和在测量的瞬间塌缩的特点，本书在下一节也用到了这只"生死未卜"的猫。

另外，"思想实验"也是因为客观条件而受到限制，当时的科技水平不足以支撑科学家们用实验来论证理论。接下来你会看到，一些量子理论的思想实验已经走入现实，其中"墨子号"带上太空的贝尔不等式检验也源于爱因斯坦与玻尔的这场大辩论。

1.1.3 后量子力学时期未完待续

量子力学的重要性和正确性早已得到验证，生产生活中的各类应用是最有力的证明。请读者们畅想一下，如果没有量子力学，你们的生活会怎样？首先，收起你家里绝大多数的电子产品，包括但不限于手机、计算机、电视机、空调、洗衣机，因为量子力学是支撑集成电路的基础理论，集成电路是电子产品必备的元器件；然后，走出家门的你可能只能骑自行车或步行上班，到了办公楼只能爬楼梯，毕竟地铁、小汽车、公交车、电梯都不能脱离集成电路；如果有做手术的需求，那很抱歉，手术估计做不了了，因为用来手术切割的激光也是依据量子力学产生的……

量子力学诞生后，与相对论共同支撑起了现代物理学的发展。近百年来，量子力学成了微观世界的主导，科学家们一方面不断深入探索微观粒子，另一方面继续研究量子力学规律，发展出改变人类生活的新技术。

具体来看，粒子物理领域研究的所有对象都遵守量子力学，量子场论是其理论基础。20 世纪 50 年代后，粒子物理标准模型不断演进，量子电动力学、电弱统一理论、量子色动力学等成果陆续获得诺贝尔物理学奖。各类基本粒子不断被发现，从电子中微子和 μ 子中微子，到上夸克、下夸克和奇异夸克，再到胶子、W 玻色子、Z 玻色子和希格斯玻色子等。

从量子力学发展出来的固体能带理论，揭示了半导体的物理性质，晶体管等半导体应运而生，信息时代的号角因此吹响，芯片、计算机、互联网都是其产物。其中，计算机和互联网的重要性无须赘述，已经深刻改变了世界；芯片作为支撑信息时代的硬件，更是现代工业的"粮食"，一颗指甲盖大小的芯片上精密排布着上亿个晶体管，大到飞上天的火箭、水中行进的航母、路上跑的汽车，小到手机、计算机、智能手表，全都离不开它。

另外，还有用量子力学研究光而产生的量子光学，20 世纪仅次于半导体的伟大发明——激光因此诞生，并已应用于工业、医学、通信等领域。

1.2· 微观世界有本量子运行手册

有学者将量子物理学比作一本微观世界的运行手册。手册里记录着量子是构成物质的最基本单元，是能量的最基本携带者，具有不可分割的特征，强行被分割会永久改变其物理性质、化学性质。手册里还记录了量子的很多神奇特性，比如量子叠加态、测不准原理、不可克隆、量子纠缠等。

初入量子世界，这些奇特的规则可能会超乎你的想象，毕竟不同于经典物理学对我们所生活的宏观世界进行描述，量子物理学主宰的是神秘的微观世界。不过别担心，虽然思考"为什么"可能会让你绞尽脑汁，但是对于大多数人来说，只要掌握"是什么"就够了。一方面，其正确性不仅在科学实验中，而且在我们的日常生活里得到了广泛的验证，另一方面，就连玻尔都曾说："如果有人不对量子理论感到困惑，那么他就没有理解量子理论。"

1.2.1 神奇的量子效应

1."既是 0 又是 1"的量子叠加态

量子物理学和经典物理学的最大区别在于，量子物理学中存在一种称为"量子叠加态"的状态。

例如，计算机信息使用二进制编码，所有计算机语言都可以用 0 和 1 组成的代码进行存储和传输，信息的最小单元是比特（bit），一个比特只有一个特定的状态，要么是 0，要么是 1。但是，量子比特（qubit）可以是 0，可以是 1，也可以是 0 和 1 的叠加态——既是 0 又是 1。具

体到量子通信中常用的光子，光子的垂直偏振和水平偏振分别代表 0 和
1，当然也可以是两者的叠加态，比如偏振 45°方向。

2. 拼概率的测不准原理

量子一旦被测量，就会随机塌缩成一种状态，而且是不可逆转的
永久性塌缩。比如既是 0 又是 1 的量子比特会随机坍塌成 0 或 1，
因此你不能通过单次测量得知一个未知量子的状态。物理学家用狄
拉克符号 "|>" 来表示某个量子的状态，一个量子叠加态可以表示为
$|\psi>=a|0>+b|1>$，a 和 b 是两个复数，满足 $|a|^2+|b|^2=1$。

前文讲述了"薛定谔的猫"，日常生活中的猫是一个宏观世界的物体，
要么是活着的，要么是死了的，而"薛定谔的猫"代指微观世界的量子，
这猫既是死的（0），也是活的（1）。如果你强行打开箱子看猫的状态，
那么由于量子力学测不准原理的限制，你只可能看到两种结果之一，两
种结果出现的概率由公式中的 a 和 b 决定：一种结果是死的猫，概率是
$|a|^2$；另一种结果是活的猫，概率是 $|b|^2$。

3. 诡异的量子纠缠

将量子叠加原理从单个粒子拓展到两粒子体系，甚至多粒子体系，
就会产生量子纠缠这一更为奇妙的状态。1935 年，薛定谔首次将量
子纠缠的概念引入量子力学，并称其为"量子力学的精髓"。爱因斯
坦等人也基于两粒子纠缠态提出 EPR 悖论，用来质疑量子力学的完
备性。

在数学形式上，量子纠缠有明确的定义，即一个双粒子态不能表示
成两个单粒子态的直积。没有看懂？没关系，我们继续用"薛定谔的猫"
打比方。不同的是，现在假设我们有两只"薛定谔的猫"。如果每只猫
处于死或活的状态是完全随机的，且概率均为 50%，那么按照正常的
理解，两只猫的总体状态应该为"活活""活死""死活"和"死死"4
种情况，且每种情况的概率为 25%，这就是两只"薛定谔的猫"直积
得到的结果。换句话说，这样的两只猫的总体状态可以表示为独立的单
只猫的状态的直积。而量子纠缠态则如图 1-8 所示，两只猫的整体状

态处于"活活"和"死死"的叠加态，并且无论将两只猫分开多远，当打开箱子看到一只猫呈现"活"的状态，另一只猫一定会从又活又死的叠加态变成只是活的状态，反之亦然。

▼ 图1-8　两只量子猫的纠缠状态

仔细想想便会发现，处在纠缠态的两只猫之间的关联其实是非常反直觉的。就好比，处在地球南北两极的两个人同时掷骰子，结果两个人每次都能掷出一样的数字。以上讲述的这两只猫的量子纠缠态是"同活同死"，同样，也会存在"一活一死"的情况。

1.2.2　来自爱因斯坦的质疑：上帝掷不掷骰子？

上文我们就讲到，量子力学诞生以来饱受质疑，当然，真理越辩越明，质疑也推动着科学的进步。作为量子早期理论的奠基人，爱因斯坦为什么会成为质疑量子力学的主力？关键原因在于量子力学的"测不准"和"拼概率"，与他从相对论视角提出的定域性和实在性不相容。

定域性是说现象的发生一定有原因，也就是我们常说的有因才有果；实在性则是说物理体系的性质独立于观测者，所有可观测的量都是事先存在的，测量只是发现这个结果，即不管我们看不看月亮，月亮就在那里，不以人的意志为转移。

因此，在定域性和实在性的前提下，如果观测者完整地知道整个系统的状态，就可以预言每次测量的结果。然而，在量子力学中，测量一个体系里同一个可观测的量，每次测量的结果都是随机出现的，观测者只能预言出现各个结果的概率，无法预言实际的结果。

爱因斯坦认为，所谓"测不准""拼概率"，表明现在的量子力学没有完整地描述出整个体系，一定还有一个没被发现的隐变量，这个隐变量决定了测量的结果。1935年，爱因斯坦与他指导的两个研究生波多尔斯基和罗森合写了一篇论文质疑量子力学，这就是著名的EPR悖论（EPR是3人姓氏首字母的缩写）。他们提出一个思想实验，将一对纠缠量子分隔无限远的距离，然后测量其量子态，除非"幽灵般的超距作用"依旧存在，否则隐变量一定存在。爱因斯坦认为量子力学是不完备的，也就是还可能存在一些我们不知道的变量（隐变量）使得单个粒子的状态只是看起来随机，一旦我们能够完全掌握那些未知的隐变量，粒子的状态在测量之前就是确定的，不会因为我们是否进行了测量而发生变化。这样就把诡异的量子纠缠拉回到了可以理解的范畴，就好像把一副手套放进两个箱子，并把它们分给地球南北两极的两个人，虽然这两个人在打开自己的箱子之前并不知道箱子里的手套是左手的还是右手的，但是一旦打开箱子看到自己的手套，那么立刻就可以知道另外一个人拿到的是哪一只手套，这就一点也不奇怪了。

我们总结一下，以玻尔为首的哥本哈根学派与爱因斯坦关于量子力学是否完备的根本分歧在于，对量子态进行测量得到的结果的随机性是本质的，还是参量的不完备而导致的。从测量者的角度来看（非上帝视角），我们根本无法区分在打开箱子之前，猫的状态是死和活的叠加还是像手套一样在分开之前早已确定，所以争论了几十年，都是思想上的"无声"辩论，谁也没能占得上风。那么能不能设计一个实验来证实到底有没有隐变量呢？

这个时候，爱尔兰物理学家贝尔登场了。贝尔的画像如图1-9所示。1964年，他基于爱因斯坦定域实在论和存在隐变量这两点基本假设推导出一个"神奇"的不等式，我们通常称其为贝尔不等式。该不等式表明，任何基于定域实在论和隐变量的理论都将遵守这个不等式，然而量子理论的一些预言将会破坏该不等式。应该指出的是，贝尔不等式的最大历史意义在于开辟了一条检验量子理论非定域性及其或然性的实验研究途径。

几十年来，全世界很多科学家通过设计各种巧妙的实验均证明了在量子力学体系中贝尔不等式是不成立的，即贝尔不等式的破缺，这些实验基本证实了量子力学是正确的。

为什么只能说"基本"证实了量子力学是正确的？原因在于这些实验受到技术等客观条件限制，有可能存在漏洞。科学家们依旧在为了更加严谨的检验方案而努力，"墨子号"的星地量子纠缠分发实验更是让贝尔不等式检验实验走进太空，向着更远的距离进行，下文会详细介绍。

1.2.3　让光子纠缠起来

超冷原子、超导电子等也可以"纠缠"起来，那我们为什么只提光子呢？这是因为光子的偏振态控制和测量相对简单，操纵精度相对较高，而且易传输、抗干扰能力强，光子为量子通信迈向实用铺平道路，已经随着本书的主角"墨子号"进入太空了。

目前，科学家们已掌握了几种制备纠缠量子的技术，最常用的一种是通过"操纵"光子实现的，光子的水平偏振和垂直偏振可以被记为 1 和 0，以此编码成一个量子比特。光子的偏振如图 1-10 所示。

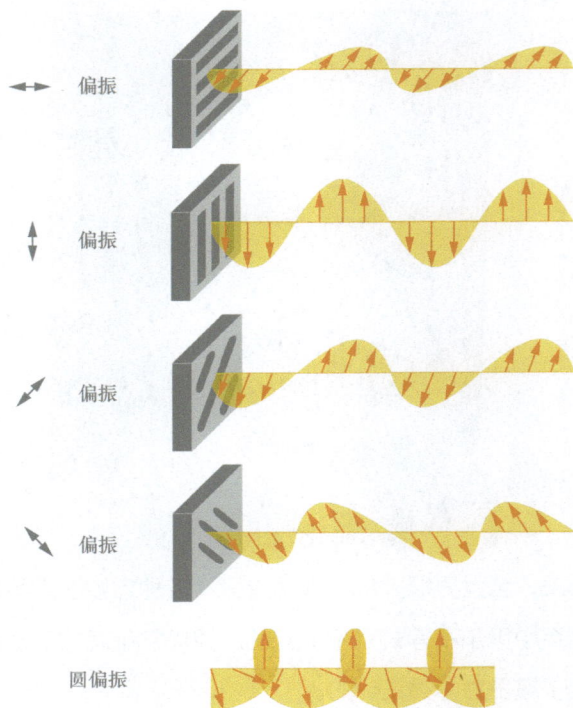

▶ 图 1-10 光子偏振示意图

1995 年，奥地利物理学家蔡林格与合作者用一种叫作偏硼酸钡（BBO）的晶体实现了双光子偏振纠缠。图 1-11 展示了 BBO 晶体制备纠缠光子对的模型图。一般来说，一束光通过普通的晶体后，光的频率不会发生改变，但是 BBO 晶体就像一个特殊的"转换泵"，当一束光通过 BBO 晶体时，高能量的光子会以一个很小的概率被劈裂成两个低能量的光子。而且，这个过程遵循能量守恒和动量守恒，大量新形成的低能量光子会形成两个相交的光锥形状运动轨迹，顶部光锥中的光子是垂直偏振态，底部光锥中的光子是水平偏振态。那么，两个光锥相交处的光子是什么偏振态呢？答案是：不确定，它们既可以是水平偏振态，也可以是垂直偏振态，这样就形成了光子偏振纠缠光源。

后来，科学家发现了比 BBO 晶体更适合制备纠缠光子对的晶体——周期极化磷酸氧钛钾（PPKTP）晶体，PPKTP 晶体制备纠缠光子对效率更高，已经被用在了"墨子号"量子科学实验卫星的量子纠缠源上。

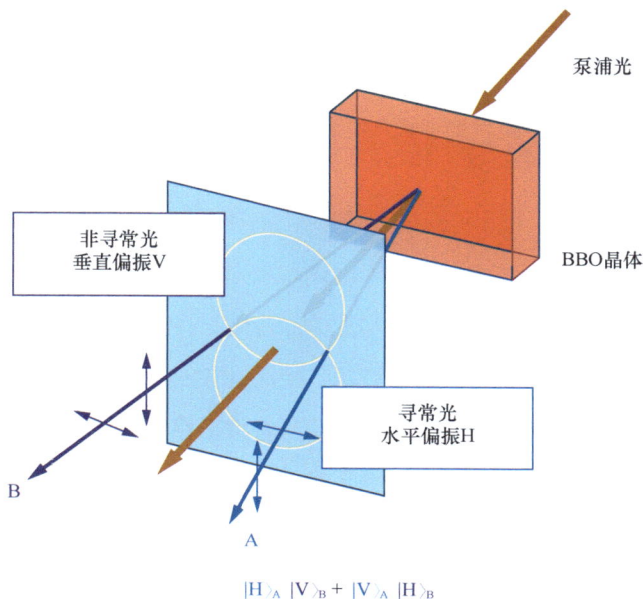

泵浦光

BBO晶体

非寻常光
垂直偏振V

寻常光
水平偏振H

B

A

$|H\rangle_A \, |V\rangle_B + |V\rangle_A \, |H\rangle_B$

◀ 图 1-11　BBO 晶体制备
纠缠光子对的模型图

　　如何制作多光子纠缠呢？首先，科学家们分别制备两对纠缠光子对，
分别记为 A-B、C-D，然后用一些光学干涉技术使光子 B 和 C 形成纠
缠，那么原本没有任何关联的光子 A 和 D 之间就能形成新的纠缠态。
在实现了量子纠缠从两个光子到三个光子之后，科学家们就可以使用同
样的原理让更多量子纠缠起来。目前，人们可以操控的多光子纠缠态数
量已经有 10 多个了。

　　造出纠缠光子对后，还得想办法测量单个光子的偏振态。在自然界
中，眼睛是最敏感的光探测器，但是眼睛还远远不足以区分出单个光子。
一个 15W 的电灯泡，每秒发射出 10^{20} 个单光子，单个光子的微弱程度
可想而知。科学家们使用光电倍增管、雪崩二极管等元器件研发了单光
子探测器，利用这些模块来放大光信号，从而敏锐地探测到单个光子。

1.3 怎么用量子信息技术进行通信？

继量子力学理论直接催生半导体、激光等一系列当今人类赖以生存的关键产业之后，基于量子力学理论的应用，甚至产业，继续向着更具颠覆性的前沿发展：一是量子计算，相比现在的普通计算机，量子计算机处理信息的效率可能会呈指数级增长，带来算力上的碾压式发展；二是量子通信，包含原理上实现"无条件安全"的量子保密通信和有望实现"隔空传物"的量子态隐形传输等方向；三是量子精密测量，基于微观粒子系统及其量子态的精密测量，以期在测量精度、灵敏度和稳定性等方面大幅超越传统测量技术。

目前，量子信息技术的发展路径与互联网信息技术的发展路径颇为相似，量子通信作为排头兵，正在为量子计算和量子互联网的到来做准备。

1.3.1 量子密钥分发："无条件安全"的加密方式

1984 年，美国物理学家贝内特和加拿大密码学家布拉萨德提出了第一个量子密钥分发方案，即 BB84 协议。"BB84"的命名源于二人名字的首字母两个"B"和诞生年份 1984 年。

BB84 协议基本原理示意图如图 1-12 所示。

信息的发送者和接收者有两个编码光子偏振的基矢可以自由选择，分别是横竖基"✛"和对角基"✕"。如果你不知道"基矢"是什么，可以简单地把它们分别想象成形状如同"✛"和"✕"的智能门，发送者可以利用两种门给光子打标记，并且接收者只能正确地识别出同一种智能门打的标记。

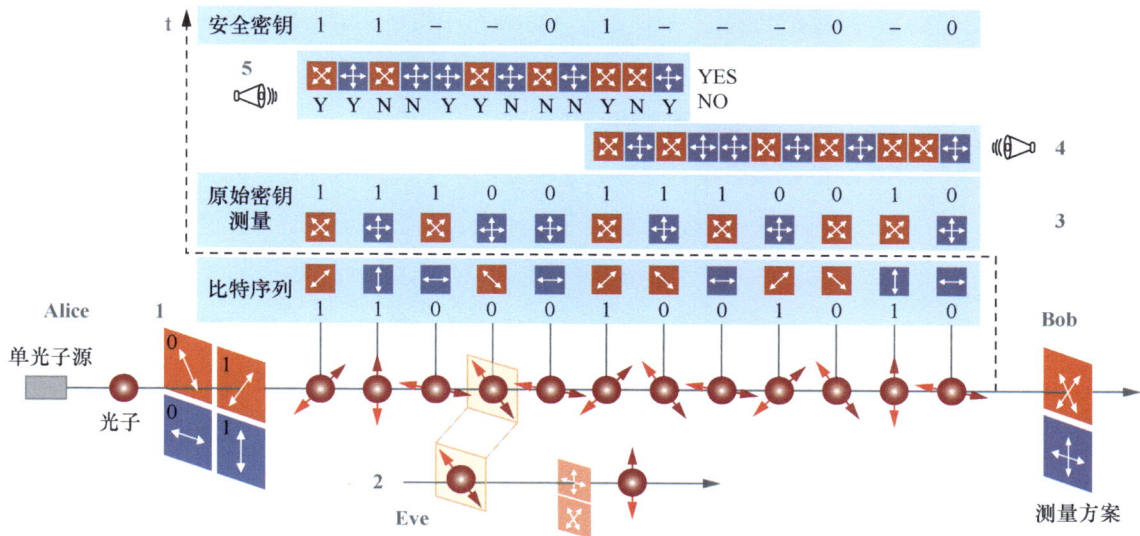

▲ 图 1-12　BB84 协议基本原理示意图

　　发送时，发送者随机选择一个智能门给光子打上标记。接收时，光子也要随机来到一个智能门前，如果这个智能门的型号恰好与发送时的智能门型号相同，光子的标记就能被识别接收，否则就要被淘汰。

　　具体来看，发送者先用一个随机数发生器生成一串由 0 和 1 组成的随机数。发送者利用这些随机数随机选择一个智能门来打标记。如果发送者选择了"↔"，就用偏振方向为↕的光子代表 0，用偏振方向为↔的光子来代表 1；如果发送者选择了"⌧"，则要用偏振方向为↗的光子代表 0，用偏振方向为↘的光子代表 1。

　　接收者也利用自己的随机数发生器随机选择"↔"或"⌧"基矢来测量接收到的偏振光子。比如发送者传输 0110，分别随机选择的基矢为⌧↔↔⌧，则对应光子的偏振方向就为↗↔↔↗。接收者随机选择的基矢为↔↔↔⌧，则测量出的结果为 0110 或 1110。

　　随后，发送者和接收者在类似于我们使用的电话、互联网的经典信道里共享双方使用的基矢序列，舍弃掉使用不同基矢的随机数，剩下的数被保留下来当作密钥。比如，在前例"0110"中，只有第一个数字"0"的发射基矢和接收基矢不同，第一个数字"0"在接收后被舍弃掉，剩下的"110"被保留，实际操作中传输的信息串很长，这里只是为方便理解而举的简单例子。

由于量子"测不准"及"不可克隆"，如果存在窃听者，窃听者的测量必定会改变光子原本的状态，也不可能在截获该光子后再发射出一个一模一样的光子。所以，为了防止窃听，发送者和接收者可以拿出一小部分密钥进行对照，如果双方的密码100%相同，则信息没有被截获，但如果双方的密码有25%的差错率，就可以断定信息已经被截获了。通信双方利用这样生成的"量子密钥"，给二进制信息做"一字一密"的加密，能让加密后的信息无法被破解，达到理论上的"无条件安全"。

一般说量子密码具有无条件安全性，意思是指量子密码不可能用数学方法破解，要窃密只能用物理方法攻击设备。也就是说，如果设备是可靠的，那么就绝对不会泄密，从而达到"无条件安全"。

小故事：量子密码学是怎么诞生的？

20世纪60年代前后，美国曾出现了很多假钞，当时还在读硕士的以色列物理学家斯蒂芬·威斯纳对量子力学很感兴趣，他提出"量子钞票"，即让纸币携带一定数量的量子，利用量子不可克隆原理和测不准原理，防止纸币被伪造者复制。

奇妙的机缘再次闪现，虽然该理论并未激起水花，但成功引起贝内特的关注，并直接促使贝内特与布拉萨德结缘。

贝内特非常赞赏"量子钞票"理论，逢人便大力推销。他觉得研究密码学的布拉萨德肯定会感兴趣，因此趁布拉萨德去圣胡安海滩游泳时前往"搭讪"，而两人激烈的思想碰撞没能解开"量子钞票"，却意外发现威斯纳的编码方案与密码学公钥系统十分匹配，最终两人合作形成了BB84协议。这标志着量子力学和传统密码学的结晶——量子密码学正式诞生了。

1.3.2　量子隐形传态: "隔空传物"会实现吗?

常常有人用科幻电影中的隔空传物与量子隐形传态做类比,畅想未来量子隐形传态给人类生活带来的变化。量子隐形传态简单来说就是甲地的某一粒子的未知量子态,在乙地的另一粒子上还原出来,并且原物的量子态在测量时已被破坏掉——不违背"量子不可克隆定理"。这个概念诞生于 1993 年,当时来自世界各地的 6 位理论物理学家合作发表了名为《通过经典和量子纠缠信道传输未知量子态》的文章,即量子隐形传态。以下简略介绍这篇文章里讲述的内容。

如果要将粒子 C 的未知量子态 X 从 Alice 传输到 Bob,如图 1-13 所示,科学家目前进行量子隐形传态实验的原理大致如下。

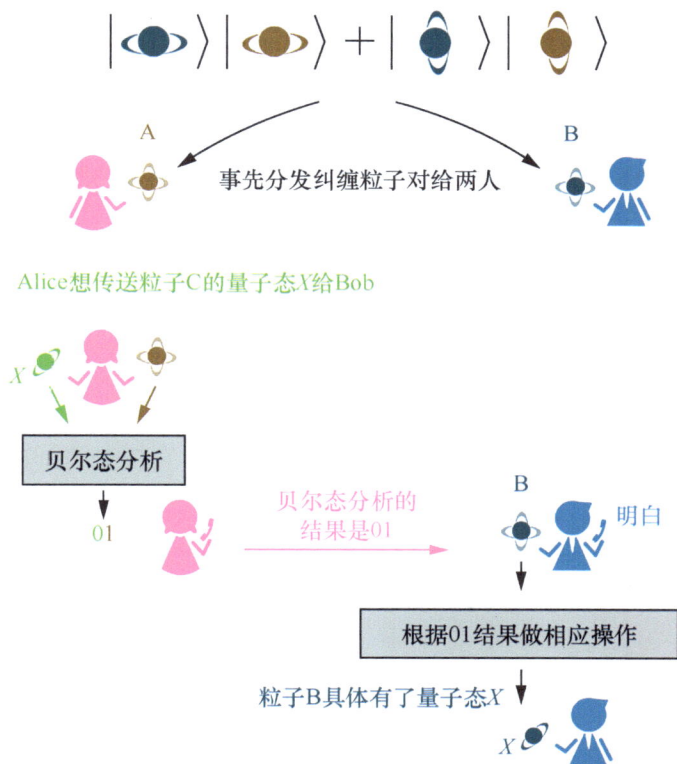

◀ 图 1-13　量子隐形传态示意图

第一步,制造量子纠缠光子对对粒子 A 和粒子 B,并将粒子 A 和粒子 B 分别发送给 Alice 和 Bob。

第二步，Alice 对粒子 C 和粒子 A 做一次名叫贝尔态分析的联合测量，这个测量能让粒子 A 和粒子 C 随机以 4 种可能的方式纠缠起来，对应贝尔态分析的 4 种结果。

第三步，因为"幽灵般的超距作用"，粒子 B 也会因为粒子 A 被测量而发生变化，呈现出与贝尔态分析 4 种结果相关的 4 种状态之一，这 4 种状态可以理解为量子态 X 的其他表现形式。

最后，Alice 只需要将她的贝尔态分析结果通过经典信道告诉 Bob，Bob 就可以采取对应的手段，将粒子 B 转换到量子态 X。

如果用一句简单的话来概括这个过程，那就是贝尔态分析让粒子 C 与纠缠粒子中的粒子 A 产生关联，因此将粒子 C 的状态瞬间转移到另一个纠缠粒子 B 上。

1997 年，中国科学院院士、"墨子号"团队领军人物潘建伟正在奥地利留学，攻读维也纳大学博士学位。他的老师正是前文提到的奥地利物理学家蔡林格。在蔡林格的带领下，潘建伟及其团队首次利用光子偏振在实验上实现了量子隐形传态，将一个光子的未知偏振在不传送该光子本身的前提下，利用量子纠缠成功传输到另一个光子上。该实验成果直观地向人们展示了量子力学的神奇，在当时引起巨大轰动，与伦琴发现 X 射线、爱因斯坦建立相对论、沃森和克里克发现 DNA 双螺旋结构等世界重大科技成果一起入选了《自然》杂志"百年物理学 21 篇经典论文"，潘建伟为该实验成果论文的第二作者。

量子隐形传态是量子信息处理网络的基本要素，对量子通信和量子计算的发展至关重要，因此也是量子信息技术领域的研究热点。后来，科学家们在冷原子、离子阱、超导、量子点和金刚石色心等物理系统中也实现了量子隐形传态，但都局限于单个粒子的单一自由度。2006 年，潘建伟及其团队首次实现两个光子的偏振态传输；2015 年，该团队实现了多自由度的量子隐形传态，同时该团队不断拓展量子隐形传态的传输距离；2017 年，该团队借助"墨子号"量子科学实验卫星实现了长达 1 400km 的地星量子隐形传态实验。这一系列突破为发展可扩展的量子计算和量子网络技术奠定了坚实基础。

　　量子隐形传态无论在粒子数目、自由度数目，还是在传输距离方面，相比于早期实验都已经取得了飞跃式进步，但是离实现科幻小说中所描述的"隔空传物"仍有很大的距离，科学家们仍在向着更高的目标继续探索。

第 2 章

世界首颗量子卫星的诞生

感谢陈颖为老师供图

2.1 多国竞争：量子卫星蓄势待发

你可能会有疑问，研究和发展量子通信为什么要发射卫星？有量子通信地面光纤网还不够吗？要回答这个问题，得从量子通信的长期目标——向更远距离和更大覆盖范围的网络延伸，最终构建全球范围的量子通信网说起。

一方面，量子通信地面光纤网虽然可以覆盖大部分通信需求，但对于一些遥远的地点或者运动的物体无法精准地联通，比如海岛，处于运动状态的远洋舰队、高铁等。若想精准地联通这些地点，就需要借助自由空间量子信道：以卫星为发射端，两个需要通信的地面站点为接收端，进行量子密钥传输。另一方面，光纤信道中传输的光子数随传输距离呈指数衰减，量子信号又不能像经典信号那样被放大。根据数据测算，即使1 200km的光纤有每秒百亿个单光子发射率的单光子源和完美的探测器，也需要数百万年才能传输一个比特的密钥。而如果利用自由空间量子信道的话，由于大气层的垂直厚度比较小且外太空几乎为真空，光信号损耗非常小，通过卫星的辅助可以极大地扩展量子通信距离。

因此，在短距离的量子通信地面光纤网陆续取得突破之后，量子卫星成为毋庸置疑的国际竞争焦点，谁能拔得头筹，就意味着谁能占据量子通信的制高点。

自21世纪初开始，中国与欧洲国家就呈现出激烈竞争自由空间量子通信的态势。中国科学技术大学潘建伟团队在2005年实现了距离长达13km的自由空间量子纠缠分发和量子通信，在国际上首次证明纠缠光子在穿透等效于整个大气厚度的地面大气后，纠缠仍然能够保持，并可应用于高效、安全的量子通信。2010年，潘建伟团队又在八达岭长城实现了当时国际上最远距离的16km自由空间量子隐形传态。2012年，潘建伟团队取得更大的突破，实现100km的自由空间量子隐形传态和量子纠缠分发，并对星地量子通信可行性进行全方位地面验证，如图 2-1 所示。这些研究工作为"墨子号"的诞生奠定了坚实的基础，下一节将进行详细介绍。

加那利群岛
144km
量子纠缠分发

马泰拉
地球轨道
模拟星地单光子链路

加那利群岛
144km
量子隐形传态

2005年 ——— 2006年 ——— 2007年 ——— 2008年 ——— 2009年 ——— 2010年 ——— 2011年 ——— 2012年

中国团队

合肥
13km
量子纠缠分发

八达岭长城
16km
量子隐形传态

青海湖
97km
量子隐形传态

2012 年，《自然》杂志发表文章《数据隐形传态：量子太空竞赛》。文中评价道，在量子通信领域，中国用了不到 10 年的时间，由一个不起眼的国家发展成为现在的世界劲旅，将领先于欧洲国家和北美国家。

▲ 图 2-1 欧洲团队与中国团队的竞争

值得一提的是，潘建伟院士正是本书的主角"墨子号"量子科学实验卫星的首席科学家，是量子信息实验研究领域具有重要国际影响力的开拓者之一。因为对量子力学有浓厚的兴趣，潘建伟于 1996 年从中国科学技术大学硕士毕业后赴奥地利攻读博士学位，师从蔡林格。当时，蔡林格与合作者发现了利用 BBO 晶体来实现双光子偏振纠缠的方法，随后一系列量子信息处理研究展开。在潘建伟加入的几年里，蔡林格团队研究成果丰硕，不仅首次实现量子隐形传态，还为多光子纠缠的制备指明方向，首次实现三光子纠缠态。2000 年，潘建伟学成回国，在中国科学技术大学建立实验室，以他为代表的中国科学家开始在光量子信息处理领域走向国际前沿。

在随后的竞争与合作中，"量子卫星"是蔡林格和潘建伟师徒二人绕不开的话题。2003 年，潘建伟在中国提出发射量子卫星的科学设想，随后，蔡林格也向欧洲航天局（ESA）提出发射量子科学实验卫星的建议——太空-QUEST 计划。欧洲航天局由于决策缓慢等原因迟迟未有进展。中国率先将量子科学实验卫星的设想变成了现实。

太空-QUEST 计划的目的是实现国际空间站同地面站之间的星地

量子通信实验，其空间终端要求能够同时往两个地面站终端分发纠缠光子。在该计划中，将一个装有紫外线激光器的装置绑在国际空间站欧洲"哥伦布"号科学实验舱外面，这个装置会生成一对对的纠缠光子对，将其分别传输至两个地面站。蔡林格说："通过卫星，我们能将相隔数千千米的两个点连接起来。最终，我们就能在世界任意两个点之间使用量子密码技术。"

此外，意大利团队的实验证实了无法窃听的量子编码通信有望通过人造卫星来实现。2008年3月，意大利帕多瓦大学的研究小组成功地利用马泰拉（Matera）激光测距天文台的望远镜向日本阿吉沙（Ajisai）卫星发射出光子，然后阿吉沙卫星将这些光子反弹回原始出发地。阿吉沙卫星于1986年发射升空，位于地球上空1500km处，整星为球形，直径为2.15m，质量为685kg，其表面由318块角锥反射镜组成，从这些角锥反射镜上反射回来的光子成功地回到了马泰拉激光测距天文台。

2009年，中国科学技术大学研究团队与上海天文台佘山人造卫星激光测距站合作，也完成了相关实验。研究人员借助卫星和天文台之间的光信号星地传输，证明单光子级别的光源也能被地面接收，为天地一体化量子通信网络提供实验支撑。与意大利团队的实验的不同之处在于从卫星返回的光子数量，中国科学技术大学团队实验中返回的每脉冲光子数量平均小于1个光子，真正实现了星地链路单光子传输的可行性验证。这也是历史上第一次证明，如果从卫星上发射单光子级别的光信号，地面上是可以接收到的。也就是说，基于卫星的量子通信是可行的。

2.2 我国 3 组实验为量子科学实验卫星奠定基础

地面上的自由空间量子通信实验是有明确目标的——一切都是为了量子科学实验卫星！

面对激烈的国际竞争，2003—2012 年，我国科学家争分夺秒完成了证实纠缠光子对能够穿透大气层、模拟星地间传输损耗、用热气球等移动的物体模拟卫星运动等重要实验，不仅为"墨子号"奠定坚实的技术基础，也一步步实现了该领域从跟跑到并跑，再到领跑的跨越。

2.2.1 目标是穿透大气层

光子在传输过程中，会受到传输介质的干扰而损耗能量，就像人在跑步时迎面遇到的风阻越大，消耗的力气越多一样，光子会因为与传输介质的相互作用产生纠缠状态的退化、偏振态的改变等变化。地球大气作为传输介质虽然明显优于光纤，但毕竟不是真空，大气中的尘埃、小水滴等颗粒都会干扰到光子的传输，因此科学家一直有几个不确定的问题：光子能不能穿过大气？穿过大气后偏振态能否保持？纠缠会不会退化？

如果要实现星地量子密钥分发，实验发射出的光子能穿透大气是必须要验证的第一步。虽然当时学术界认为在理论上可行，但没有人证实过，实际情况如何还未知。

2003—2005 年，潘建伟团队完成了中国在自由空间量子通信领域的"开山之作"——全球首次长达 13km 的自由空间量子纠缠分发和量子通信实验，证实量子纠缠能够穿透大气层。

该实验在中国科学技术大学所在的安徽省合肥市进行，选择 13km

是为了模拟大气层的等效厚度，地球大气受重力作用大部分集中在地表附近，大气密度随海拔增高而迅速减小，近地面十几千米的大气质量约占地球大气总质量的 90%。

这次实验把光子的发射端 Charlie 设置在合肥市的大蜀山，大蜀山不算高，海拔只有 281m。与海拔数千米的名岳大山相比，大蜀山只是个小山坡，但在合肥市内它的山顶是城市最高点。因为光沿直线传播，城市内有高楼等障碍物，实验发射端必须选在高点才能保证发射端和接收端之间直线可达。

大蜀山上放置了两种主要实验设备，一是 EPR 光源，也就是量子纠缠光源，二是发射望远镜。EPR 光源可以理解为专门产生纠缠光子对的设备，这里的"EPR"就是源于爱因斯坦和他的两位助手提出的 EPR 悖论。大蜀山上的两台发射望远镜各对准一台接收端的望远镜，将 EPR 光源产生的成对纠缠光子对分别发射过去，接收端各有一台望远镜负责接收光子。纠缠光子对被接收望远镜收集后，穿过一系列光学器件，最后被单光子探测器探测，再经过一系列软件处理验证贝尔不等式或获取密钥。

一个接收端 Alice 位于中国科学技术大学西区的原近代物理系楼内，另一个接收端 Bob 则在合肥市肥西县农村的一户民宅内。如图 2-2 所示，以发射端 Charlie 为顶点，Charlie 与 Alice 和 Bob 组成的张角为105°，Alice 和 Bob 到 Charlie 的直线距离分别为 7.7km 和 5.3km，Alice 和 Bob 之间的直线距离是 10.5km。

量子通信实验习惯于把中间点命名为 Charlie，把量子通信双方命名为 Alice 和 Bob，本书也沿用这个习惯，如果你喜欢可以用"A、B 和 C""李雷、韩梅梅和李明"或者任何其他命名方式来代替，理解上都是一样的。

最终，在贝尔不等式的检验中，研究人员得到了超过标准差 4 倍多的结果，有力地证明了量子力学的非定域性，达到了实验目标。在此基础上，实验人员还完成了基于纠缠光源的自由空间量子密钥分发实验。

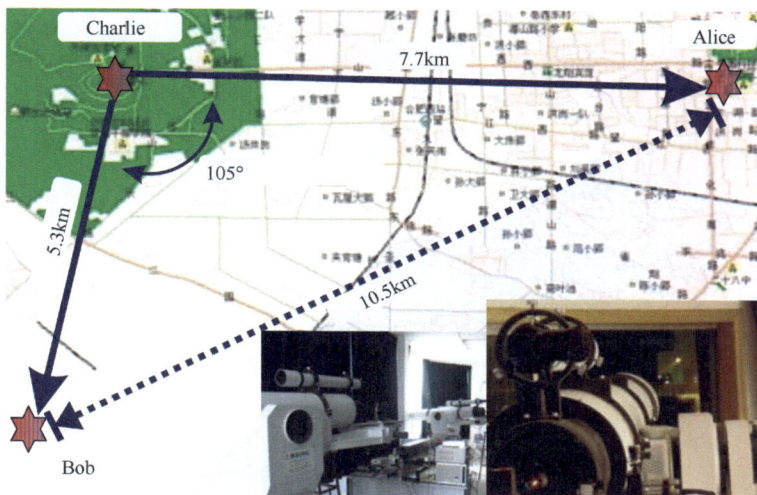

◀ 图 2-2 13km 的自由空间量子纠缠分发和量子通信实验鸟瞰图

证明量子纠缠能够穿透地表底层大气后，潘建伟团队趁热打铁，在八达岭长城附近用长达两年的野外实验，验证了量子隐形传态穿越大气层的可能性。

从 2007 年 4 月开始，潘建伟团队在北京的八达岭长城南六楼附近和河北省张家口市怀来县古城遗址地区之间搭起了通信平台，这两点之间的直线距离为 16km，其中发射端是八达岭长城南六楼，最终在这里完成长达 16km 的自由空间量子隐形传态实验。这是当时世界上距离最远的量子隐形传态实验。研究人员发现，这个实验和中国古代用长城上的烽火台传递信息相互辉映，在历史文化背景的映衬下，实验意义显得更加非凡。这次实验登上了《自然·光子学》的封面，如图 2-3 所示。

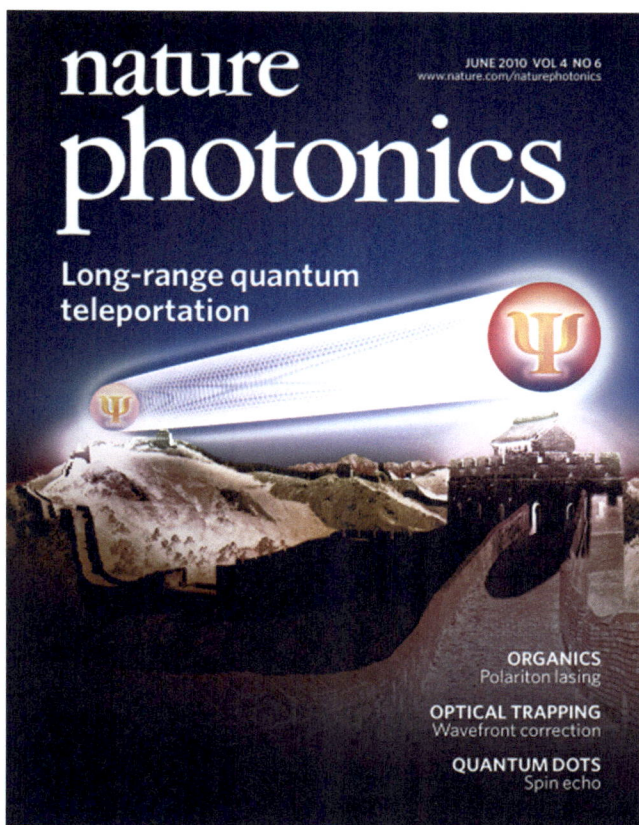

▲ 图 2-3 八达岭长城上 16km 自由空间量子隐形传态实验登上《自然·光子学》封面

2.2.2 在青海湖模拟星地链路损耗

卫星到地面的距离有数百公里，研究人员找到一个能够进行百公里级量子纠缠分发实验和量子隐形传态实验的理想场所——青海湖。这里远离城市，光照充足，天气好的时候能看清百公里外的山脉，可以在更大的空间尺度上模拟量子信号在星地间传输面临的损耗。

在量子隐形传态实验中，研究人员将发射端和接收端设置在青海湖直线距离为 97km 的南北两岸，如图 2-4 所示。为了加强对外部环境的适应性，两端用的实验装置分别集成到集装箱里，发射端是多光子纠缠源和一体化发射装置，接收端主要是一台 400mm 的大口径接收望远镜，如图 2-5 所示。

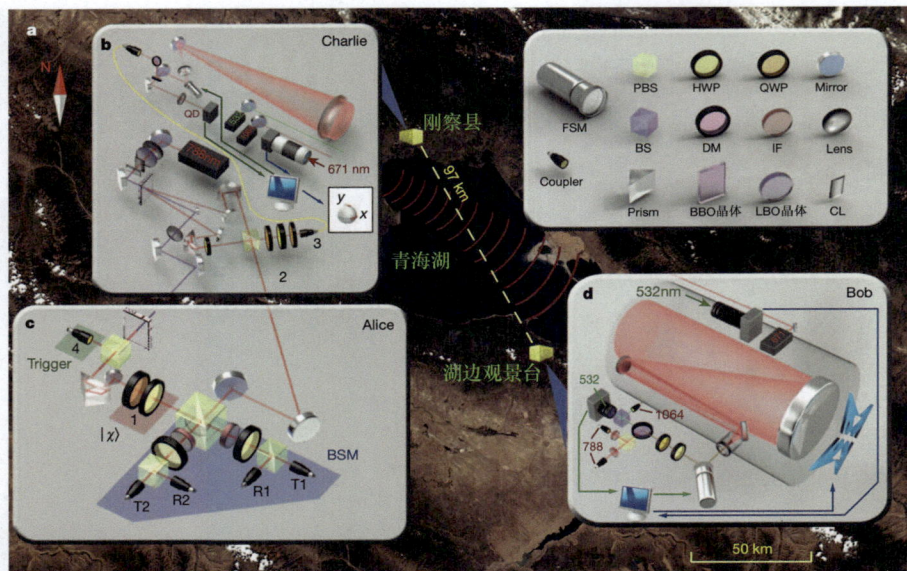

▶ 图 2-4 百公里级量子隐形传态实验的选点鸟瞰图

FSM：快速振镜；Coupler：耦合器；PBS：偏振分束器；HWP：半波片；QWP：1/4 波片；Mirror：反射镜；BS：分束器；DM：分色片；IF：相干滤波片；Lens：透镜；Prism：棱镜；BBO：偏硼酸钡；LBO：三硼酸锂；CL：圆柱透镜；Trigger：触发器；BSM：贝尔态测量

为什么只强调接收望远镜的大口径，发射望远镜不需要大口径吗？答案是不需要。就像夜晚手电筒照射出来的亮光，距离越远，光斑越大，亮度越低，实验中的光束在自由空间传播很长一段距离（如100km）后，在自身发散角及大气湍流的联合影响下，光斑直径会扩展得很大，落在接收望远镜之外的光子将直接归为损耗。因此，接收望远镜的口径越大，接收到的光子就越多，就越能减小远距离传输带来的几何衰减。

在量子纠缠分发的实验里，纠缠源及发射装置被放置在青海湖中央一个名为"海心山"的小岛上。湖边取两点模拟地面站，即接收端。其中，Alice 位于青海湖北岸的刚察县泉吉乡，距离发射端 51.2km；Bob 则位于青海湖南岸一户牧民家的草场上，距离发射端 52.2km。Alice 与 Bob 间直线距离为 101.8km，纠缠分发过程相当于穿过了整个青海湖，如图 2-6 所示。

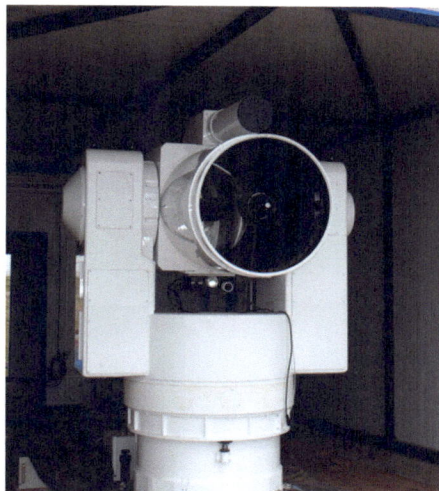

▲ 图 2-5 接收端望远镜

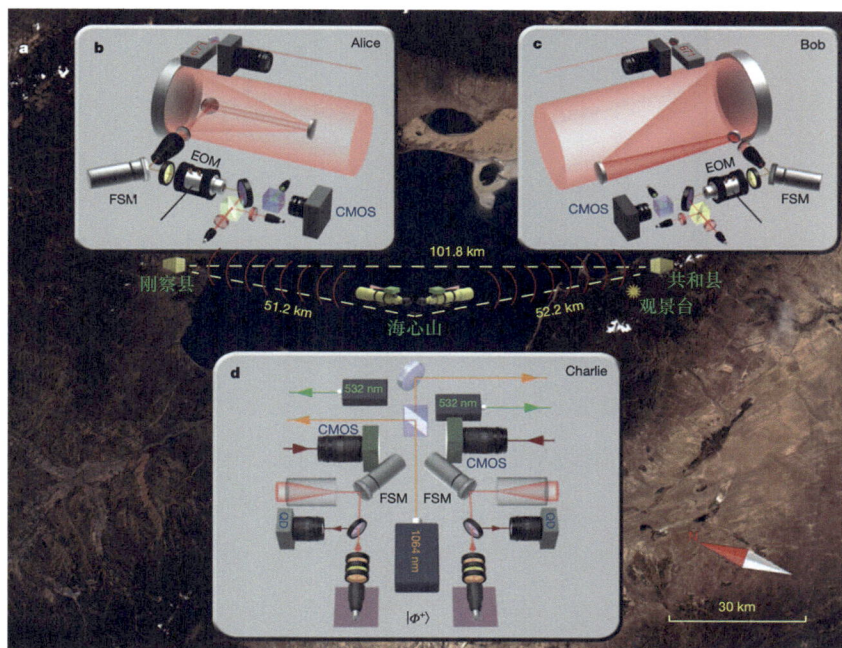

◀ 图 2-6 青海湖 101.8km 双向量子纠缠分发实验装置示意图

FSM：快速振镜；EOM：电光调制器；CMOS：互补金属氧化物半导体相机；QD：四象限探测器

这两个实验不仅在世界上首次实现了百公里级量子隐形传态和量子纠缠分发，还对面向量子卫星的一些关键技术进行了实验验证。其中最为重要的就是自动捕获、跟踪、瞄准，为卫星"针尖对麦芒"打下基础。

以此次量子隐形传态实验为例，量子通信链路的建立过程如下。

第一步，发射端利用北斗等坐标和接收端的大功率热光源将发射系统粗指向接收端。

第二步，一束与纠缠光子对同轴的绿色激光器从发射端射向接收端。

第三步，接收端利用自己的跟踪系统捕获并成功跟踪绿色激光后，向发射端发射信标光，如图 2-7 所示。

► 图 2-7　从青海湖海心山发出的绿色信标光

第四步，发射端捕获到信标光后，开启捕获、跟踪和瞄准（ATP）系统，发射端向接收端发射纠缠光子对，如图 2-8 所示。APT 系统主要包含粗跟踪和精跟踪两套子系统。粗跟踪系统的功能是粗对准，解决地基和机械应力带来的慢性扰动。一台相机负责探测信标光，并将探测到的信号反馈给一个水平和垂直二维旋转的平台，由这个旋转平台执行跟踪行动。精跟踪系统的主要功能为精确对准并且抑制由大气湍流带来的光束抖动，使用四象限探测器探测信标光。四象限探测器就是由 4 台探测器构成的，每台探测器占一个象限。

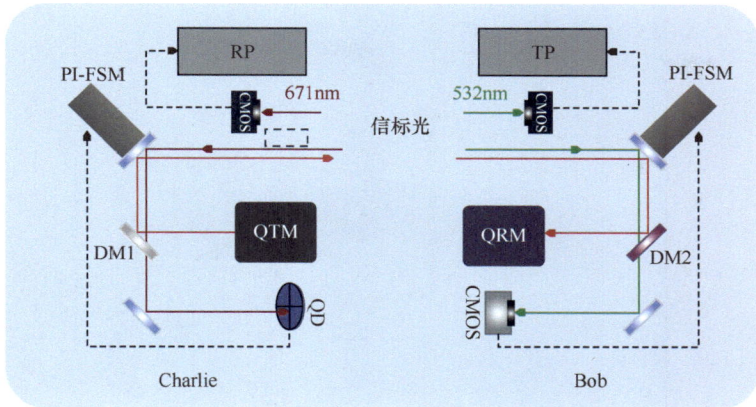

◀ 图 2-8　APT 系统示意图

PI：快反镜；FSM：快速振镜；DM：分色片；CMOS：互补金属氧化物半导体
相机；QD：四象限探测器；QTM：量子态传输模块；QRM：量子态接收模块；
RP：接收端二维转动平台；TP：发射端二维转动平台

　　最后，研究人员在 97km 的自由空间链路上得到了优于 3.5μrad[1]
的跟踪精度，实验相当于在 97km 外实现优于 35cm 的指向误差。

　　回顾这两次重要实验，成果的取得都是几经波折。潘建伟团队在
2008 年选择好实验点，2009 年开始在青海湖做实验，但由于设备稳
定性和技术迭代等方面因素，实验没能取得预期效果，团队返回后进行
了一系列的反思和改进。次年，团队怀着忐忑的心情三上青海湖，从 6
月盛夏坚持到 11 月飘雪，实验才终于顺利完成。

　　这期间，研究人员在岛上度过了一段艰苦又难忘的时光。青海湖中
的海心山不对外开放，生活和交通都很不方便。实验期间，有些研究人
员长期驻守岛上，由青海湖管理局的工作人员每个月开船送一次生活补
给。因为没条件洗澡，他们在照片中大都是裹着军大衣、"蓬头垢面"
的模样，如图 2-9 所示。

1　μrad 是单位微弧度，1μrad 为 1rad 的百万分之一。

▶ 图2-9 驻守在海心山的研究人员

2.2.3 用热气球等模拟卫星运动

以往的量子通信实验都是在地面上相对静止的两点进行的，精度容易控制，而量子卫星必须在运动的状态下把光子打到地球上一个口径只有1m多的地面望远镜上，相当于在高速运动的高铁上把硬币投入一个1km外的存钱罐里，如图2-10所示，这就是我们常说的量子卫星需要具备"针尖对麦芒"的能力。

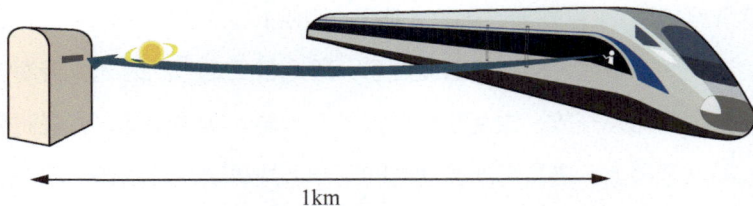

▶ 图2-10 在高速运动的高铁上把硬币投入1km外的存钱罐里

1km

研究团队思考了各种方法来模拟卫星运动，完成一系列星地远程量子密钥分发模拟试验，如图2-11所示。

首先是收发距离40km的转台干扰实验，将设备安装在转台上，转台在室内转动，模拟低轨道卫星的角速度和角加速度，同时完成量子密钥分发，误码率为2.73%，原始码分发速率为1.3kbit/s。

▲ 图 2-11　在热气球、吊车上模拟实验

　　然后是距离 32km 的车载高速运动实验，将设备安装在汽车、吊车、皮卡车上，考验远程"移动瞄靶"能力，同时完成量子密钥分发，误码率为 3.28%，原始码分发速率为 1.2kbit/s。

　　还有距离 20km 的热气球浮空平台实验，让设备随着热气球升空，热气球与地面站之间做实时跟瞄，同时完成量子密钥分发，误码率为 2.28%，原始码分发速率为 1.2kbit/s。最后团队还利用飞机进行了类似的实验，最大程度模拟卫星相对地面的角运动。

　　在热气球浮空平台实验中，发射端转台设备安装在热气球吊篮中，接收端位于地面固定点，研究人员在距离地面几十米的热气球上将量子信号发射到地面端接收。系留绳对热气球平台的拉力及风力均会造成吊篮的旋转，其角度范围能达到 30°，且角速率高，最高大于 2°/s，主要用于检验系统在动态干扰下的捕获跟踪能力及量子通信性能。实验受到了夜晚风大、温差大等不利因素影响，光是热气球升空就经历了多次失败。

　　通过这一系列模拟卫星姿态的实验，研究人员解锁了高精度的捕获跟瞄技术、高灵敏的能量分辨探测技术，以及量子光源技术等，仅量子光源脉冲重复频率就较之前提升了 100 倍。这次实验中的许多技术成果最终用在了"墨子号"上，为"墨子号"科学实验卫星工程立项铺平了道路。

2.3 "墨子号"将梦想照进现实

爱因斯坦曾指出,未来科学的发展无非继续向宏观世界和微观世界进军。空间科学对宇宙、生命的起源与演化,以及基本物理规律进行探索,占据自然科学的宏观和微观两大前沿,是蕴含重大科学突破的前沿科学领域。2011年1月25日,中国科学院启动空间科学先导专项,随后"墨子号"等4颗科学卫星正式立项。这意味着中国科学家率先向星地量子通信发起挑战,走进颠覆性科技的"无人区"。

我国的量子科学实验卫星为什么取名"墨子号"?背后大有深意。众所周知,墨子是我国古代伟大的思想家,实际上他也是世界上最早期的科学家之一,有"科圣"之称,如图2-12所示。2 000多年前,在几乎与希腊思想家德谟克利特创立原子论的同一时期,墨子也提出了原子的概念。墨子说:"端,体之无序而最前者也",其中"端"是物质不能再分的最原始单位。墨子还说:"止,以久也""无久之不止"。这句话的意思是,如果没有外力的作用,运动的物体不会停止下来。看到这里你有没有觉得很熟悉?这就是中学物理讲到的牛顿第一定律——惯性,任何物体都会保持匀速直线运动状态或静止状态,直到外力迫使它改变运动状态。在同时期的西方,另一位思想家亚里士多德还在错误地认为力是维持物体运动的原因。

不仅如此,墨子还做过一个和光学研究相关的有趣工作——小孔成像实验,如图2-13所示。简单来说实验是这样的:在一间小黑屋朝阳的墙上开一个小孔,人对着小孔站在屋外,屋内的墙上会出现一个倒立的

▲ 图2-12 墨子

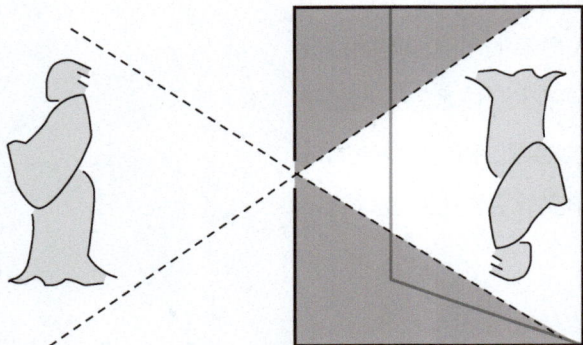

▲ 图2-13 墨子的小孔成像示意图

人影。墨子解释说："景到，在午有端，与景长，说在端""景，光之人，煦若射……"，意思是影像倒立是因为光线交会处有一小孔，入射的光线会在孔中相交；光穿过小孔如射箭一样，是直线行进的……

光恰恰是量子科学实验卫星开展实验的核心，关于量子的一系列研究都是以光子为载体进行的。中国科学家因此决定将这颗量子科学实验卫星命名为"墨子号"，一方面以此纪念墨子在我国科学方面所做出的贡献，另一方面以此体现我们的文化自信和科研自信。

2.3.1　工程总体与六大系统

"墨子号"量子科学实验卫星项目由工程总体，以及卫星系统、科学应用系统、运载火箭系统、发射场系统、地面测控系统、地面支撑系统六大系统组成。其中，工程总体负责制定工程研制计划、编制工程顶层文件、组织工程重大活动、协调系统间的问题，同时对工程整个研制过程进行监督和管理。

"墨子号"是一颗零动量、三轴稳定的科学实验卫星，工作在500km太阳同步轨道，其主要任务是开展星地高速量子密钥分发及广域量子保密通信网络、星地量子纠缠分发、地星量子隐形传态3项科学实验，实验内容将在后文详细介绍。

根据任务要求，卫星的四大主要功能如下。

（1）与科学应用系统单个量子通信地面站协同工作，建立量子光下行链路，完成密钥分发、广域量子保密通信网络实验。

（2）与科学应用系统两个不同地点的量子通信地面站协同工作，同时建立两条独立的量子光下行链路，完成星地量子纠缠分发实验。

（3）与科学应用系统量子隐形传态实验站协同工作，建立量子光上行链路，完成地星量子隐形传态实验。

（4）实现在轨科学实验数据存储、处理和星地间双向传输。

卫星系统主要负责卫星平台和有效载荷的研发，其中，卫星平台由中国科学院微小卫星创新研究院承担，中国科学技术大学和中国科学院上海技术物理研究所则共同承担有效载荷的研发。

科学应用系统负责整个量子科学实验卫星工程科学实验计划的制定，科学实验的实施，科学数据的应用、处理、传输、存储管理与发布，由中国科学技术大学担纲，中国科学院光电技术研究所、中国科学院国家天文台、中国科学院紫金山天文台共同参与。科学应用系统包括：1 个位于合肥的科学实验中心；2 个分别位于北京和乌鲁木齐的包含光纤量子保密通信网络的广域量子密钥应用平台；1 个包含 4 个量子通信地面站在内的科学实验支持中心，4 个量子通信地面站分别为北京兴隆站（改造）、云南丽江站（改造）、乌鲁木齐南山站（新建）、青海德令哈站（新建）；1 个在实验时安装到西藏阿里的空间量子隐形传态实验站。

运载火箭系统主要负责运载火箭的研制和生产，发射卫星选定的火箭型号是 CZ-2D（Y32）运载火箭，由上海航天技术研究院负责。发射场系统由北京特种工程设计研究院承担，选择酒泉卫星发射中心作为量子科学实验卫星的发射场，主要承担运载火箭和量子科学实验卫星的测试发射任务，并提供地面技术支持与勤务保障。

地面测控系统由北京跟踪与通信技术研究所承担，对卫星的在轨运行进行跟踪测轨，并通过遥测、遥控和上行数据注入对卫星进行测控管理。

地面支撑系统负责提供实验任务运行控制管理、数据接收、预处理、管理和归档等公用性支撑服务，是连接科学应用系统和地面测控系统的纽带，任务要求包括实验数据接收、实验任务运控管理、数据预处理与归档管理和地面通信网络支持等。

2.3.2　卫星的研制及发射

"墨子号"的研制分为方案阶段、初样研制阶段和正样研制阶段 3 个主要阶段。方案阶段的主要任务是关键技术攻关，先制作出"原理样星"。初样研制阶段要解决在轨环境适应性的问题，要造出鉴定星做各种极端条件下的性能测试，来验证卫星能否承受得住发射和太空运行的各种力学和热学环境。极端条件包括火箭发射时剧烈的振动、卫星在太空运行时阳面与阴面有数百摄氏度的温差等。正样研制阶段顾名思义，就是制造出最终发射到太空的卫星。"墨子号"项目进程如图 2-14 所示。

▼ 图 2-14 "墨子号"项目进程

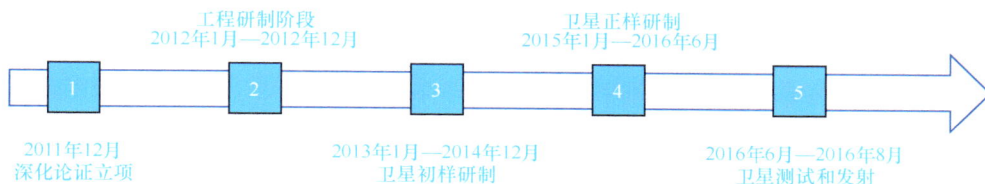

图 2-14 "墨子号"项目进程

2011 年 12 月，量子科学实验卫星工程立项综合论证报告通过专家评审，工程正式立项。同月，中国科学院在北京召开了量子科学实验卫星工程启动会。会议审议了工程总体方案及六大系统总体方案的可行性，明确工程研制建设的主要问题、工程的总体计划安排。

2012 年 12 月，完成工程研制阶段的工作之后，转入初样研制阶段。2013 年利用初样结构热控星和电性件完成整星结构设计、热设计和电子学设计的验证。2014 年以鉴定星为主线，完成单机的生产、测试、试验和验收。2014 年 10 月先后完成了结构星、热控星、电性星和鉴定星研制。

2014 年底完成整星试验、地面验证试验、与六大系统对接试验等，验证了初样设计的正确性和合理性，确定了正样产品技术状态，经过初样研制总结及正样设计评审，转入正样研制阶段。

2015 年开始正样单机生产与试验。2015 年 6 月完成了平台正样产品验收测试。2015 年 9 月完成了载荷热光试验。同年 10 月完成了载荷验收测试。2015 年 11 月载荷交付卫星总体并开展了整星集成测试、整星热试验。2016 年 3 月至 4 月完成了与地面测控系统和地面支撑系统对接试验、科学实验流程测试、整星力学试验、磁测试、EMC 测试、帆板展开试验、大系统演练等。2016 年 6 月初卫星出厂，具备发射技术状态。

在上述项目推进期间，运载火箭、4 个量子通信地面站和 1 个量子隐形传态实验平台等建设和改造同步进行。

发射升空后，"墨子号"的飞行程序覆盖卫星入轨到卫星正常工作之间的工作过程包括临射段、主动段、速率阻尼、太阳捕获、惯性定向、在轨测试和在轨科学实验。

其中在轨测试长达 4 个月，目的是观察"墨子号"量子科学实验卫星在太空中的温度、姿态等状态是否正常，卫星平台和实验设备能否正常使用，跟踪瞄准精度等各项指标能否达到实验要求，能否成功构建星地量子信道等。专项实验共完成了 70 轨有效流程，对在轨流程进行了较充分的演练，覆盖了所有在轨工作模式。

2017 年 1 月 18 日，"墨子号"正式交付中国科学技术大学开展科学实验。"墨子号"的发射在国际上引起了广泛的关注。《自然》杂志在报道时用大号字体写下醒目的标题《量子网络迈出一大步》，如图 2-15 所示。很多人认为，中国在自由空间量子通信领域正式从并跑和小幅度领先，变为大幅度领跑。

▶ 图 2-15 《自然》杂志报道"墨子号"发射

China's 600-kilogram quantum satellite contains a crystal that produces entangled photons.

COMMUNICATIONS

One giant step for quantum internet

Chinese satellite is first in a wave of planned craft that could form network secured by quantum cryptography.

2.3.3 三大关键技术突破

"墨子号"量子科学实验卫星用到了很多重要技术，其中最为关键的有 3 项，分别是天地光学链路精确指向对准与跟踪技术、星地链路偏振态保持与基矢校正、星上量子纠缠源技术。

1. 天地光学链路精确指向对准与跟踪技术

量子科学实验卫星为完成量子科学实验任务而搭载的主要设备为卫星载荷。"墨子号"搭载了 4 个主要载荷。量子科学实验卫星进行科学实验时要与地面站建立量子信道，要求卫星载荷光路必须以 3.5μrad 的跟瞄精度与地面站望远镜光路实现对准。这就是之前提到的"针尖对麦芒"。具体到量子纠缠分发实验要求更高，因为卫星上的 2 套载荷光路分别同时实现与 2 台位于不同地点的地面站望远镜光路对准。

卫星对地面站的光轴指向需要 3 级指向跟踪配合完成，卫星对其中一个地面站进行姿态机动指向，即通过卫星自身的转动等姿态变化对准地面站，两个光机有效载荷配置 ATP 系统，转台系统指向另一个地面站。

地面站对卫星的光轴指向则直接由地面 ATP 系统完成，粗跟踪可实现大范围指向和跟踪，精跟踪进行高精度二级跟踪，如图 2-16 所示。

▼ 图 2-16　卫星对地面站光轴指向方案示意图

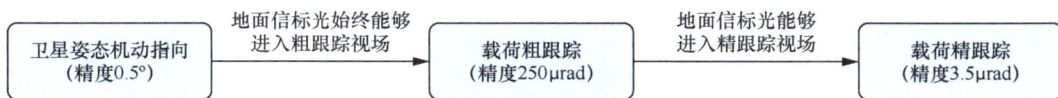

捕获的具体流程如下。

第一步，地面站发射信标光覆盖卫星。地面站发射与地面望远镜同轴的信标光，地面信标光发散角大于 3mrad，对卫星的捕获概率为 99% 以上。

第二步，卫星捕获地面信标光。卫星姿态控制系统设定对站指向模式，对站指向精度优于 0.5°，量子密钥通信机粗跟踪相机可实现大于 2°×2° 凝视捕获视场，在地面信标光已经覆盖卫星的条件下，粗跟踪相机对信标光捕获概率大于 99%。

第三步，相互跟踪建立链路。卫星捕获地面信标光后建立对地面信号光的跟踪，并将信标光瞄准地面站。量子通信地面站望远镜探测到卫星上信标光，实现对卫星信标光的捕获，至此，星地间双向光路捕获完成。

在完成星地光路的捕获后，地面站信标光光斑以一定的精度出现在卫星有效载荷的粗跟踪视场内。由于量子科学实验卫星与量子通信地面站处于高速相对运动的状态，为保持量子信道不会中断，星地实验终端应相互精密跟踪，在此基础上进行通信光的瞄准。

为了实现大跟踪范围与高跟踪精度的融合，ATP 系统采用复合轴控制结构，即低带宽的粗跟踪环嵌套高带宽的精跟踪环。粗跟踪环具有大的驱动能力和动态范围，但是带宽较窄，跟踪精度低于最终的要求精度，因此主要用于产生大的天线偏转、光轴的初始定向、捕获和粗跟踪的实现。精跟踪环具有高的控制带宽和位置精度，动态范围较小，用来对粗跟踪环未能补偿的残差进行校正，来满足系统的最终跟踪精度。

地面站采用二维转台驱动大口径望远镜复合轴系统。星上则依赖卫星的大幅度二维机动来实现对地面系统的粗指向，在此基础上载荷用小幅度二维指向镜对卫星姿态指向的地面站进行粗跟踪，用大幅度二维转台对另一个地面站进行粗跟踪，两者均采用快速指向镜进行精跟踪和光路误差补偿。

另外，在此过程中，超前瞄准和对准精度分析同样发挥了重要作用。其中需要超前瞄准是因为通信双方的高速相对运动和光速的固定传播速度（3×10^8 m/s）的比值不能忽略不计，当一方接收到对方的信标光时，必须将发射光沿对方运动的方向偏离一定的角度，从而保证该发射光到达对方时，能够有效覆盖对方。对准精度分析则是要排除对准误差影响因素，包括探测器误差、系统控制误差、超前瞄准误差、大气扰动及收发光轴偏差等。

2. 星地链路偏振态保持与基矢校正

量子通信中，光子的偏振态代表了量子比特信息。因此，需要保证偏振态光子以一定偏振态产生，并以相同的偏振态被检测，这样才能降低量子通信的误码率，使试验成功。

在星地链路中，发射端与接收端相对关系动态变化，量子光传输链路复杂，偏振态保持及两端偏振基矢对准有较大难度。该技术包括以下两部分内容。

第一部分是星地总链路的偏振态保持。链路的偏振态对比度是指通信两端偏振基矢理想对准情况下，发射端发射正交基的一个偏振态，接收端接收到的该偏振态计数与其正交的偏振态计数的比值。简单来说，偏振态对比度是不同偏振态的区别度，对比度保持得好，接收到的 0 还是 0、1 还是 1，但如果对比度保持得不好，接收到的 0 和 1 长得差不多，就难以区分了。总体来说，偏振态对比度越高，偏振态造成的接收误码越小。对量子密钥分发实验，根据通信误码率的分配，将偏振态对比度造成的误码率限定在 1% 左右，因此总链路偏振态对比度的要求为 100 : 1。将总链路指标分解到单个发射端或接收端，要求整机偏振态对比度大于 250 : 1。

第二部分是星地联合系统的偏振基矢校正。偏振基矢是指发射端与接收端偏振方向的基准，如发射端的 H 应对应接收端的 H，而不能处于其他偏振方向。在星地量子通信中，卫星平台与地面站相对位置会有变化，卫星平台本身的方向及姿态也会有变化，这些都会使两个终端的偏振基准（基矢）关系动态地变化，所以需要采用基矢校正手段进行偏振关系的调整。在"墨子号"中，科研人员采用的是实时转动的半波片（HWP）来调整偏振光的偏振方向，用以实时补偿由卫星和地面的相对运动带来的偏差。

3. 星上量子纠缠源技术

纠缠态是量子信息领域的一个基本要素，它展现了量子理论的相干性、或然性和空间非定域性等奇特的性质，并且已经被广泛应用于量子密钥分发、量子态隐形传输、量子纠缠交换、量子存储及量子计算等蓬勃发展的量子信息领域中，同时量子纠缠态还能够被用来进行量子力学基本问题检验。

在第 1 章中我们提到传统的线性光学量子信息领域中被广泛采用的制备纠缠的方法是利用 BBO 晶体的参量下转换过程。近年来的发展使用 PPKTP 晶体的纠缠源研制方案，能够更有效地提高纠缠源亮度。目前基于 PPKTP 晶体产生的纠缠光子对数能达到每秒百万对量级，它在远距离高损耗的空间量子通信应用中具有独特的优势。但这种纠缠光源需要将 PPKTP 晶体置于精密的 Sagnac 干涉仪中，且对泵浦激光器的线宽、光束质量、偏振都有较高的要求。接下来的第 3 章还会对卫星有效载荷量子纠缠源进行详细的介绍。

2.3.4　承担三大科学实验任务

"墨子号"量子科学实验卫星升空是中国科学家迈上自由空间量子通信征途的起点，本节将对"墨子号"承担的三大科学实验任务做基本的介绍，三大科学实验任务分别是星地高速量子密钥分发与广域量子保密通信网络实验、星地量子纠缠分发实验和地星量子隐形传态实验。这些实验与第 1.3 节中所提到的量子通信技术有很多相关之处，如果没记住，可以回顾一下前文。

1. 星地高速量子密钥分发与广域量子保密通信网络实验

星地高速量子密钥分发是在卫星与地面之间进行量子密钥的生成和分发，实现卫星与地面之间以量子密钥为核心的绝对安全的保密通信试验。

让我们一起回忆第 1 章中提到的诱骗态 BB84 协议。星地高速量子密钥分发实验就是将诱骗态 BB84 协议的一系列操作"搬"到"墨子号"上，让卫星成为发射端，地面站成为接收端。

卫星端随机选取基矢"⬌"或"⤬"编码单光子信号并发射出去，地面站随机选择基矢"⬌"或"⤬"进行测量，并记下测量结果及所选基矢；当传送了足够数量的单光子信号之后，接收端和发射端在经典通道上讨论使用的是哪组基矢，将发射端和接收端基矢选择不同的结果全部扔掉。

接收端从保留下来的序列中取一小部分公布出来，供发射端校验。如果校验的出错率在正常范围内，那就说明整个序列是安全的，不存在窃听，这时双方可以将保留下来的序列作为初始码，也就是"随机种子"。初始码经过隐私放大等提纯过程得到绝对安全的随机数序列就是量子密钥。

量子密钥产生后，通信双方即可进行保密通信。发送方采用生成的量子密钥加密要发送的文件，然后用经典信道把加密后的文件传送给接收方，接收方再用量子密钥解密。由于量子密钥从原理上已被证明是绝对无法破译的，密钥的生成过程也是绝对安全的，因此整个通信过程被认为是安全的、不可被窃听的。

在星地高速量子密钥分发的基础上进行广域量子保密通信网络实验，这时"墨子号"像是一个天上的"中继站"，将两个地面站及其附属的两个局域地面量子保密通信网络连接起来，组建广域量子保密通信网络，如图 2-17 所示。

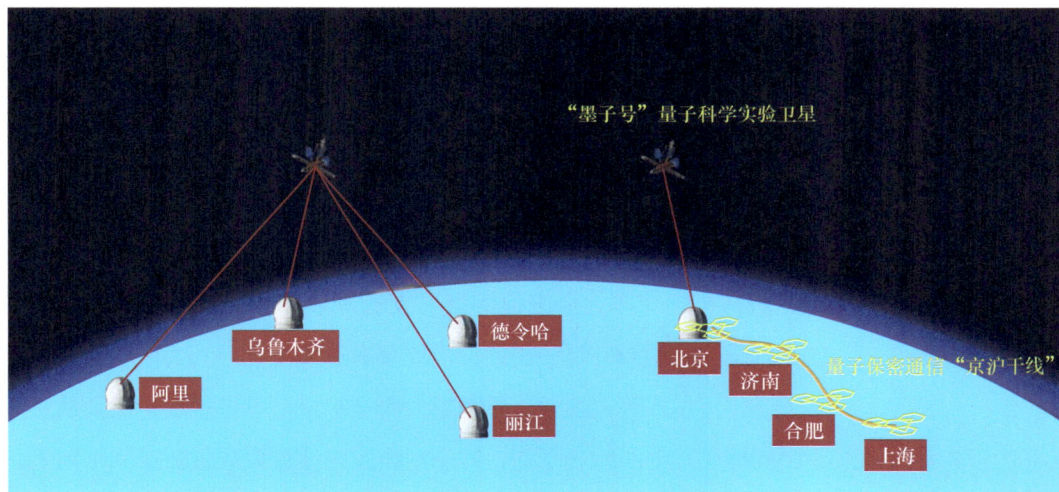

▲ 图 2-17　广域量子保密通信网络实验图

首先，卫星飞过 1 号地面站上空时，通过星地量子密钥分发，在 1 号地面站和卫星间建立密钥 K1；随后，卫星飞过 2 号地面站上空，通过星地量子密钥分发，在 2 号地面站和卫星间建立量子密钥 K2。

卫星通过经典信道将 K1 和 K2 的异或结果公开发布。异或是一种数学运算，可以简单地理解为公开 K1 和 K2 的关联。1 号和 2 号地面站据此就能在两者之间建立绝对安全的量子密钥。通过这样的方式将两个分隔遥远的地面光纤网络连接起来，实现广域覆盖量子通信网络。

2. 星地量子纠缠分发实验

星地量子纠缠分发是一个检验量子力学完备性的实验，即在星地超远距离的空间尺度上验证贝尔不等式，如图 2-18 所示。卫星上的量子纠缠光源同时向两个地面站分发纠缠光子对，两个地面站同时对纠缠光子对进行测量，再将测量结果代入贝尔不等式。

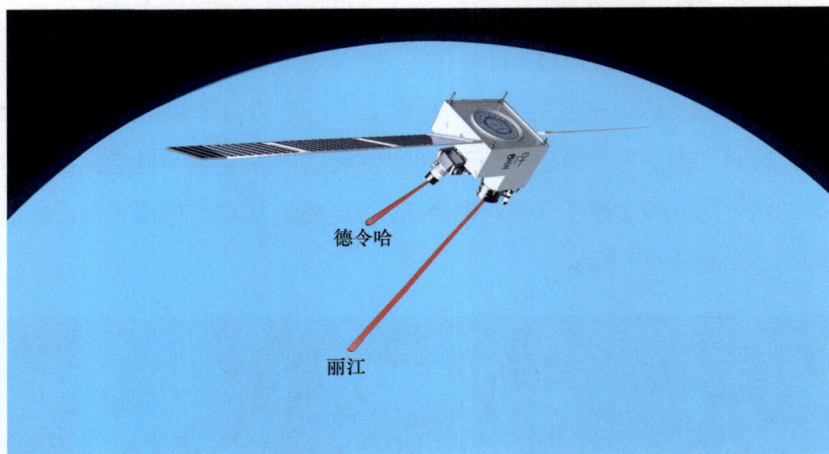

▶ 图 2-18　星地超远距离验证贝尔不等式示意图

德令哈

丽江

在"墨子号"项目中，星地量子纠缠分发是将量子纠缠光源放置于卫星上，同时向两个地面站（如青海德令哈站和云南丽江站）分发纠缠光子对，两端同样分别进行相互独立的测量，检验贝尔不等式是否成立。基于卫星的双向量子纠缠分发能够真正实现在空间大尺度间隔的条件下进行贝尔不等式检验，具有重大科学意义。不过，由于需要从空间平台向地面发射纠缠光子对，光子对纠缠光源需要放置在空间平台上，所以对纠缠光源的亮度和稳定性提出了严格要求。同时，因为是双向分发，所以对降低信道衰减及空间平台 ATP 系统跟瞄精度也提出了更高的要求。

3. 地星量子隐形传态实验

地星量子隐形传态实验，将探索在地面与卫星之间实现量子隐形传态的可行性。

实验方案如下，将量子纠缠光源放置在地面站，地面站产生一对纠缠光子 A 和光子 B，其中光子 A 传送给卫星，光子 B 留在地面和另一个未知量子态的光子 C 进行联合贝尔态测量，同时将测量结果通过经典信道传送给卫星。卫星根据地面的测量结果对光子 A 进行相应的操作，即可将光子 C 的量子态瞬间传输到光子 A 上，如图 2-19 所示。

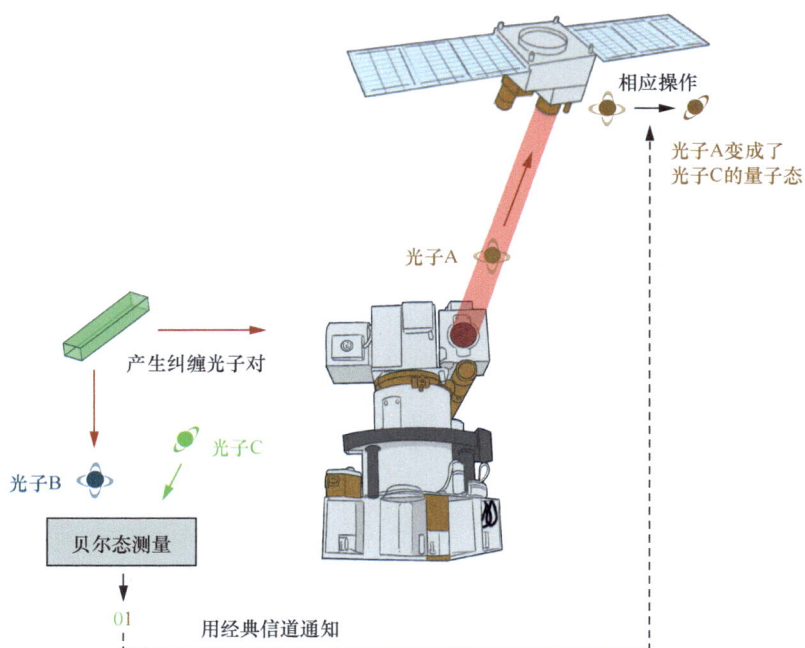

◀ 图 2-19　地星量子隐形传态实验图

第 3 章

揭开"墨子号"的
神秘面纱

"墨子号"量子科学实验卫星是一颗三轴稳定的太阳同步轨道的低轨卫星，它的外形像是长着一双"翅膀"的"长方体"："长方体"是卫星本体（如图 3-1 所示，因为量子纠缠发射机的镜筒露在外面，所以主体的形状看起来更像一个二级阶梯），"翅膀"则是它的太阳能帆板。

► 图 3-1 "墨子号"模型

发射"墨子号"时，太阳能帆板收拢压紧在卫星本体上，如图 3-2 中的左图所示，这时的卫星长 1.50m、宽 1.55m、高 1.70m；入轨后，太阳能帆板展开吸收太阳能，如图 3-2 中的右图所示，卫星整体的宽度因此变为 5.595m。

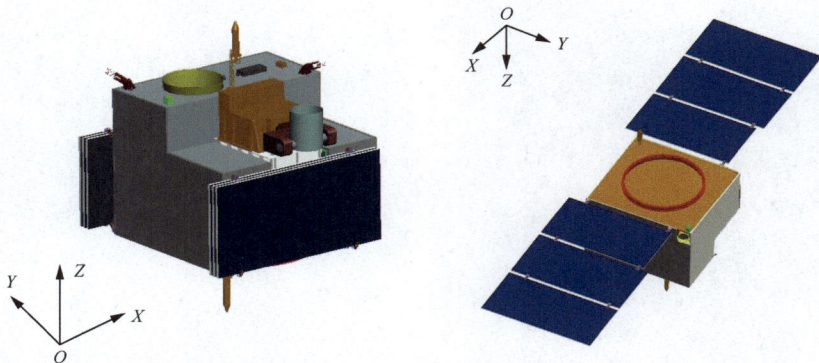

► 图 3-2 "墨子号"发射（左）和入轨（右）时的状态

小词典

　　三轴稳定是指卫星本体不旋转，在 X、Y、Z 3 个方向上保持稳定，这意味着卫星与地球保持一定的姿态关系，指向地面的部位永远指向地面。

　　从图 3-1 中可以看到，卫星本体的底端有两个黑色的望远镜镜筒。这两个镜筒分别属于量子密钥通信机和量子纠缠发射机，是光子与地面站联系的"窗口"，需要一直指向地面。

3.1 有效载荷：量子科学实验的核心

看着包裹得严严实实的"墨子号"，你可能很难想象它的"肚子"里携带了多少台设备。虽然卫星本体的体积很小，不足 $4m^3$，但是它的"肚子"里精巧地排布了 4 个主要的有效载荷和卫星平台中的数十台设备仪器。

有效载荷是卫星上最重要的部件，可以说是卫星完成任务的核心，而卫星平台相当于有效载荷的助攻，一般具备能源、热控、测控等必备能力，其作用是把有效载荷带上太空，并且保障有效载荷在太空中的运行。本章将详细介绍有效载荷，让大家了解它们的构造和工作内容。

3.1.1 同住一个家

"墨子号"的有效载荷分别是量子密钥通信机、量子纠缠发射机、量子实验控制与处理机、量子纠缠源，量子科学实验全靠它们。

如图 3-3 所示，图 3-3（a）是"墨子号"裸机，这里就是 4 个有效载荷的"家"。图 3-3（b）是量子密钥通信机，它的镜筒比较短，对应裸机中黄色包裹的部分。图 3-3（c）是量子纠缠发射机，上方是可旋转的长镜筒，下方是机箱，对应图 3-3（a）中的右上角。图 3-3（d）

▲ 图 3-3 （a）"墨子号"裸机、（b）量子密钥通信机、（c）量子纠缠发射机、（d）量子实验控制与处理机、（e）量子纠缠源

是量子实验控制与处理机，从外观上看，它是一个小长方体盒子，在图 3-3（a）中位于右边中间的区域。图 3-3（e）是量子纠缠源，从外观上看，它是一个较大的长方体盒子，在图 3-3（a）中位于右边下方的区域。

量子实验控制与处理机是"大脑"。无论是发出指令还是处理实验数据，所有的实验都得它来"操心"。量子密钥通信机和量子纠缠发射机是一对与地面站建立光链路的"兄弟"，这两兄弟长得不太一样，也不是所有实验都在一起工作，在后文会详细介绍。量子纠缠源是有效载荷里最"神秘"的，因为那些神奇的纠缠光子对就是在它那小小的身体里产生的。量子纠缠源只在需要生产纠缠光子对的时候工作，在不需要纠缠光子对时会处于休眠状态。

在进行量子科学实验时，量子实验控制与处理机作为"大脑"最早开始工作，集中调度、发号施令。其余 3 个有效载荷响应后，"大脑"命令量子纠缠源产生纠缠光子对。量子纠缠源把一对纠缠光子对中的两个光子分别传输给量子密钥通信机和量子纠缠发射机两"兄弟"，然后"大脑"再命令两"兄弟"对准地面站，把光子发射到地面站。

图 3-4 给出了"墨子号"4 个有效载荷之间的关系。

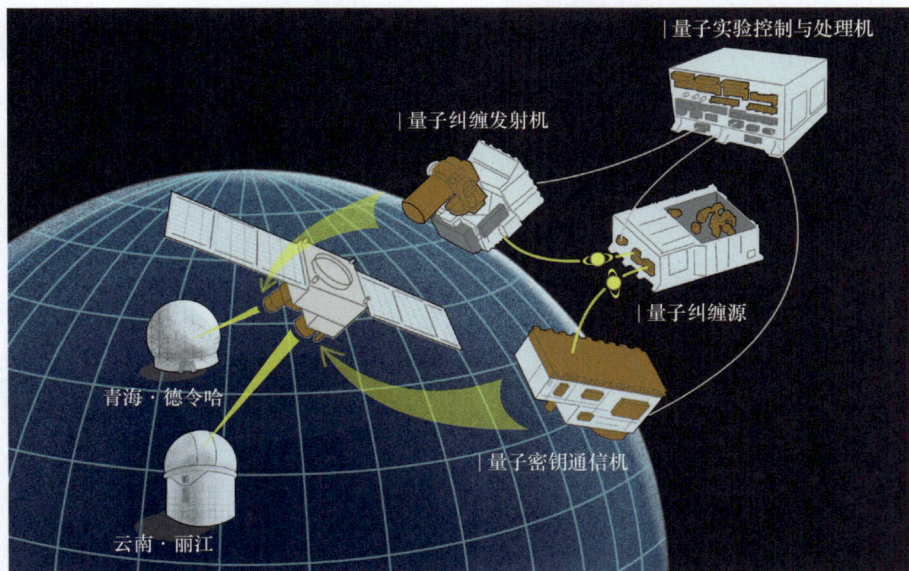

▶ 图 3-4 "墨子号"4
个有效载荷之间的关系

3.1.2 本领大而全的"大哥"：量子密钥通信机

量子密钥通信机与量子纠缠发射机是两"兄弟"，但量子密钥通信机更大、更重，所以是"大哥"，如图 3-5 所示。

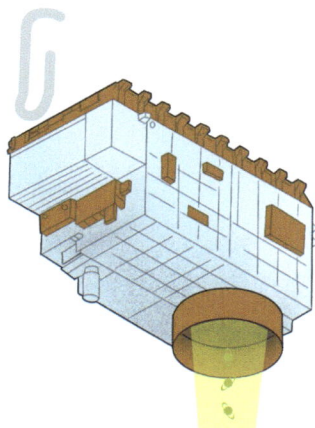

量子密钥通信机

质量： 100kg

望远镜口径： 300mm

技能： 1. 生成并发射量子密钥信号
2. 发射纠缠光子
3. 接收并处理来自地面的量子隐形传态

个人宣言： 他们都说我"大而全"，
"墨子号"三大科学任务我都能做

◀ 图 3-5 量子密钥通信机

量子密钥通信机长得比较方正，虽然质量约 100kg，但体积并不算太大，长只有 0.8m，高比长要短。尽管如此，与其他 3 个有效载荷相比，它依旧是最大、最沉的一个。

先看外形，量子密钥通信机身上最显眼的部位应该是头顶的大圆圈，即图 3-6 里用红布包着的那部分。该部分是一个望远镜的镜筒，是接收和发射光子的窗口，口径 300mm，比量子纠缠发射机的口径大很多。

◀ 图 3-6 量子密钥通信机实物图

镜筒下边那个其貌不扬的白色箱体是量子密钥通信机的主体，里边装着不少东西，如图 3-7 所示，有卫星的"眼睛"和"手"，负责对准地面站，实现"针尖对麦芒"；有产生量子密钥通信信号的模块；有一个个光学器件组成的光学通路，负责对量子信号进行准直、扩束并从特定的"起点"传输到特定的"终点"；还有单光子探测器，既可用于对卫星上的量子光源进行采样监测，也可以用来分析来自地面的量子信号。

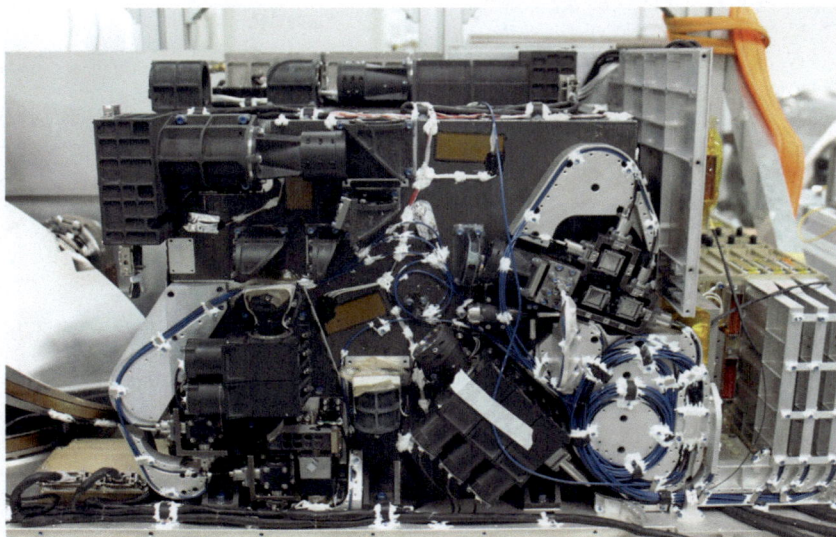

▶ 图 3-7　量子密钥通信机内部的后光路结构

接下来介绍量子密钥通信机的三大本领：

一是在星地高速量子密钥分发实验中，生成量子密钥信号，并且将其发送给地面站；

二是在星地量子纠缠分发实验中，接收来自量子纠缠源的纠缠光子对信号，并且将其发送给地面站；

三是在地星量子隐形传态实验中，接收来自地面站的量子隐形传态信号，并且将接收的信号脉冲交由量子实验控制与处理机处理。

因为要接收来自地面站的量子隐形传态信号，所以量子密钥通信机的望远镜口径比量子纠缠发射机的口径大，口径越大，接收到的来自地面发射站的光子就越多。

"墨子号"小百科：量子信号在有效载荷的光学通路中怎么走？

量子密钥通信机的光学通路由一个个光学器件组成，它们像"小镜片"，其原理与中学物理做光学实验的棱镜相近。这些"小镜片"组成了一条光学通道，让光源里发射出来的光准直、扩束，变成可以在自由空间传输的光。

以星地量子纠缠分发实验为例，量子纠缠源生成的纠缠光子对信号要通过细细的光纤传输到量子密钥通信机，随后纠缠光子对被一下子释放到无拘无束的自由空间，发散的轨迹可以近似为伞面状。

显然，如果以这样的发散程度发射出去，这些光子会很快弥散在宇宙中，能够到达几百千米外的地面站的光子将微乎其微。如果只是将这些光聚起来，得到的光束会很细窄。传播相同距离，光束的宽度与发散程度呈反比，即越细窄的光束，发散得越厉害，在空间中的传输损耗就越大。一般来说，直径1mm的光束传播1km会变成直径约1m的光束，传播1 000km会变成直径约1 000m的光束。

这时候，一个个"小镜片"就要派上用场了，它们用折射等原理改变光的传播角度，把光束变"粗"，把发散的光束变"直"。当光束直径达到100mm之后，其直径传播1 000km大约只会扩散成10m，这时候再用地面站口径1m多的望远镜来接收，损耗便处于可以接受的范围内。

只是这样还不够，别看两台设备相距这么近，中间连接的光纤只有短短一小截，但用科学家的话说："卫星的要求太高了，光纤都会改变光的偏振状态，再短的光纤也会改变！"比如会导致光信号模糊，原本代表0和1的两种偏振态对比不再清晰。因此，在"小镜片"组成的光学通道最前端是一个纠正偏振退化的模块，它可以把光纤传输导致的偏振退化纠正回来。

同一条光学通道既要发射纠缠光、量子密钥通信信号光，还要接收量子隐形传输的信号光，如何区分这些光呢？答案是使用不同波长的光，纠缠光的波长为810nm，量子密钥通信信号光的波长为850nm，量子隐形传输的信号光的波长为780nm。如同将一束白光色散成彩虹的棱镜，用"小镜片"将不同波长的光区分出来，导向不同的终点。

3.1.3 身手灵巧的"二弟"：量子纠缠发射机

《科学》杂志 2017 年 6 月的封面图片描绘了"墨子号"在太空的场景。在封面图片中，太空中的"墨子号"向地面发射出两道光，仿佛迈开两条"腿"向前走了一步，这两道光分别由量子密钥通信机和量子纠缠发射机发出。作为"墨子号"的第二条"腿"，"二弟"量子纠缠发射机与"大哥"量子密钥通信机有很多相同之处，如图 3-8 所示。从参与量子科学实验任务的种类来说，量子纠缠发射机不能做地星量子隐形传态实验，这是唯一的区别。

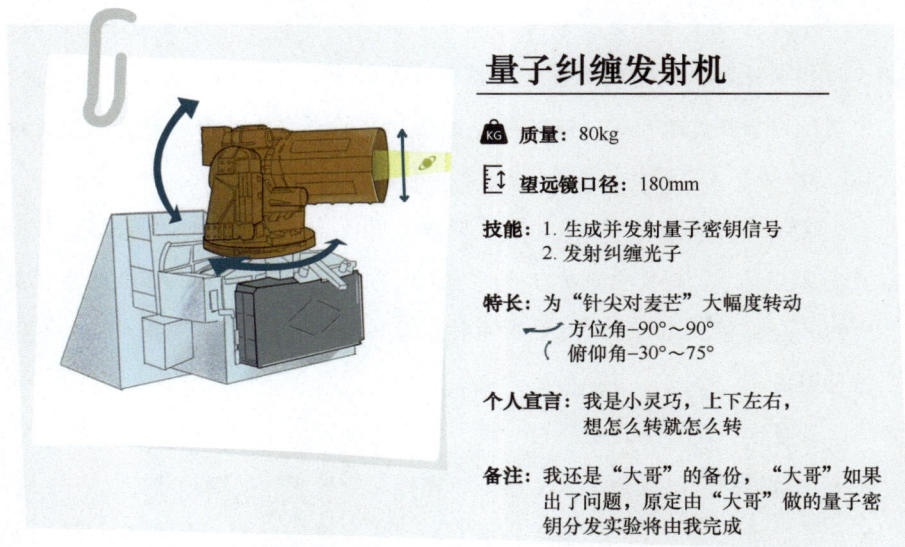

▶ 图 3-8 量子纠缠发射机

量子纠缠发射机

质量：80kg

望远镜口径：180mm

技能：1. 生成并发射量子密钥信号
2. 发射纠缠光子

特长：为"针尖对麦芒"大幅度转动
方位角−90°～90°
俯仰角−30°～75°

个人宣言：我是小灵巧，上下左右，想怎么转就怎么转

备注：我还是"大哥"的备份，"大哥"如果出了问题，原定由"大哥"做的量子密钥分发实验将由我完成

量子纠缠发射机的功能只有两个：

一是在星地高速量子密钥分发实验中，生成量子密钥信号，并且将其发送给地面站；

二是在星地量子纠缠分发实验中，接收来自量子纠缠源的纠缠光子对信号，并且将其发送给地面站。

除了没有地星量子隐形传态实验需要的电子学模块，量子密钥通信机内部的"眼睛"和"手"、产生量子密钥通信信号的模块、光学通路（因为不需要接收量子隐形传态信号，所以比量子密钥通信机的光学通路简单很多）等零部件量子纠缠发射机也有。

量子纠缠发射机虽然少了一个功能，但具有量子密钥通信机没有的优点：更加小巧灵活，而且"二弟"是"大哥"的备份，"大哥"如果出了故障，原定由"大哥"做的量子密钥分发实验将由"二弟"完成。

量子纠缠发射机的质量约80kg，望远镜口径约180mm。底部白色机箱是它的主机，里面装着光学通路等零部件，如图3-9所示。图3-9右上角是量子纠缠发射机的望远镜镜筒，连接着镜筒的黑色支架是其灵活性的秘密所在。量子纠缠发射机是一个可以大幅度上下、左右转动的二维转台，跟踪范围方位轴 –90°~90°，仰俯轴 –30°~75°。

◀ 图 3-9　量子纠缠发射机实物图

"墨子号"小百科："墨子号"的"眼睛"和"手"有啥用处？

量子密钥通信机和量子纠缠发射机两"兄弟"都有与地面站"针尖对麦芒"的任务，研究人员为它俩各自配备了一双"眼睛"和一双"手"，一只"眼睛"配一只"手"，分粗、精两步完成地面站对准。

从图3-10中能看到，"大哥"量子密钥通信机的镜筒端有粗跟踪相机和二维摆镜，光学通路中部有精跟踪相机和精跟踪快速反射镜，这就是粗、精两套"眼睛"和"手"。

实验中，地面站会根据卫星轨道预报，发射一个发散角度较大的信标光将卫星覆盖，卫星首先通过自身转动大概对准地面站，此时的对准精度约0.2°。

紧接着，粗跟踪相机"看"到地面发出的信标光（粗跟踪相机的视域有2°，虽然2°看起来是一个很小的角度，但是从遥远的卫星看向地面已经是非常宽的范围了），并将地面站位置"告诉"二维摆镜，二维摆镜由此纠正对准偏差，可以将对准精度提高到约0.002°。

最后，精跟踪相机上场，它的分辨率能达到0.000 03°，可以更精确地测量光轴角度偏差，再"告诉"精跟踪快速反射镜做出调整，快速反射镜能动的角度是0.000 01°，可以将对准精度提高到0.000 05°。

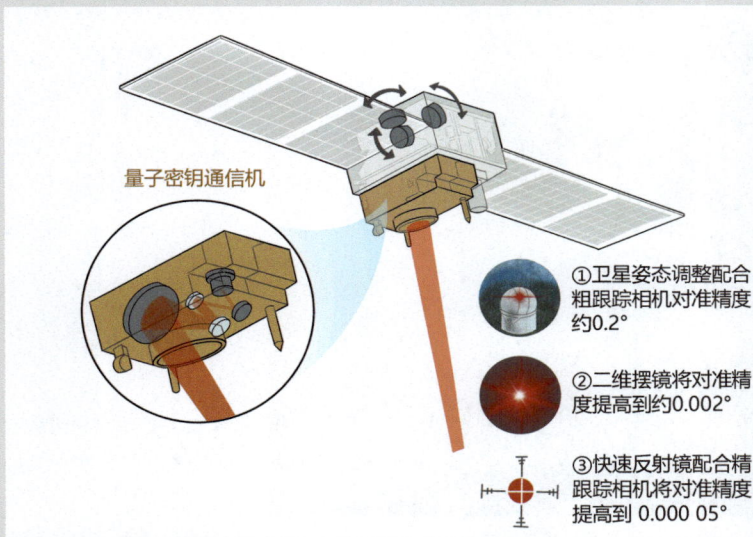

量子密钥通信机

①卫星姿态调整配合粗跟踪相机对准精度约0.2°

②二维摆镜将对准精度提高到约0.002°

③快速反射镜配合精跟踪相机将对准精度提高到0.000 05°

▲图3-10 量子密钥通信机

从图3-11中能看到，量子纠缠发射机的一只"手"（二维摆镜）不见了，替代它的是更加灵活的二维转台。实际上，对于量子纠缠发射机，灵活不是可以选答的附加题，而是必答题。

"墨子号"在同时对准两个地面站时，卫星只能通过自身转动满足"大哥"量子密钥通信机的对准需求，而"二弟"量子纠缠发射机则要同时应对卫星自身转动、绕地球飞行与另一个地面站间的相对方位变化，靠自己完成对准。其间指向角度变化很大，二维摆镜已经无法实现对准，只能升级为二维转台。

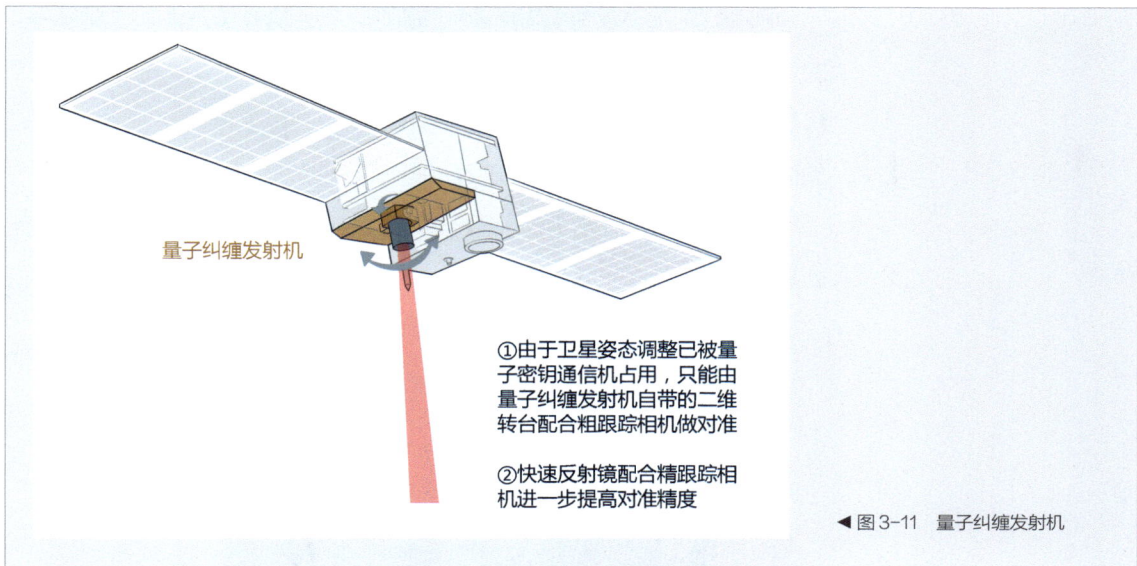

量子纠缠发射机

①由于卫星姿态调整已被量
子密钥通信机占用，只能由
量子纠缠发射机自带的二维
转台配合粗跟踪相机做对准

②快速反射镜配合精跟踪相
机进一步提高对准精度

◀图 3-11　量子纠缠发射机

3.1.4　产生纠缠光子对的有效载荷：量子纠缠源

在量子纠缠源内部，有一个关键元器件名为"周期极化磷酸氧钛钾
（PPKTP）晶体"，PPKTP 晶体的名字很复杂，人们日常生活中也
很少接触它，但是其实际的样子远比名字简单，如图 3-12 所示。

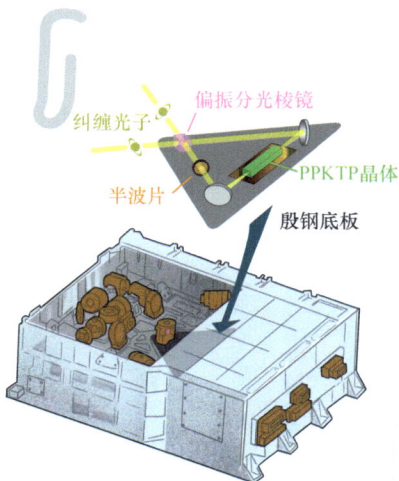

纠缠光子
偏振分光棱镜
半波片
PPKTP晶体
殷钢底板

量子纠缠源

🛍 **质量：** 25kg

独家秘笈： 生成纠缠光子对

个人宣言： 别看我只有一项功能，要是少了我，
爱因斯坦就别想知道上帝掷不掷骰子了

备注： 我的核心是一块三角形的区域，搭载了
一块长15mm的PPKTP晶体。这块区域
享受"高级待遇"，安装在热膨胀系数
低的殷钢底板上以提高稳定性

◀图 3-12　量子纠缠源

PPKTP 晶体实物其貌不扬，如同一个透明的长方体。"墨子号"的量子纠缠源中使用的是长约 15mm 的 PPKTP 晶体。第 1 章中讲到科学家最早使用 BBO 晶体来制造纠缠光子对，PPKTP 晶体与 BBO 晶体有相似之处，但在亮度方面，PPKTP 晶体优于 BBO 晶体。

如图 3-13（上图）所示，量子纠缠源的体积与台式计算机主机相当，质量约 25kg。量子纠缠源是星地量子纠缠分发实验的核心，其功能是

▶ 图 3-13　量子纠缠源的实物图和内部光路

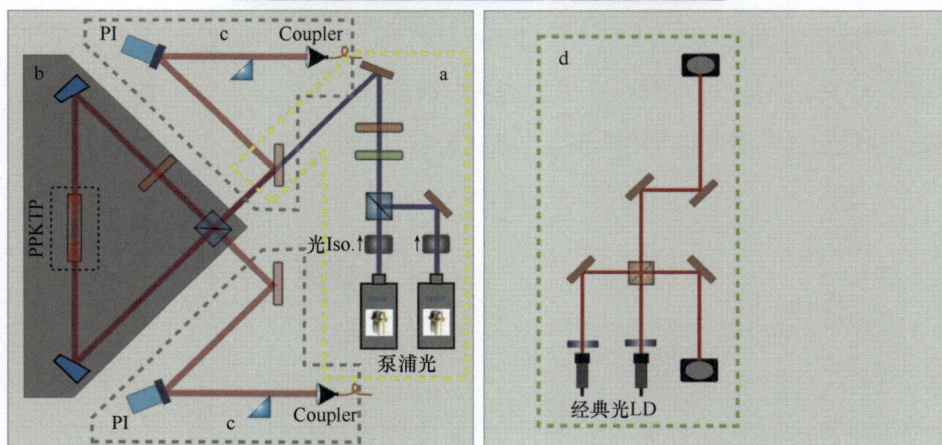

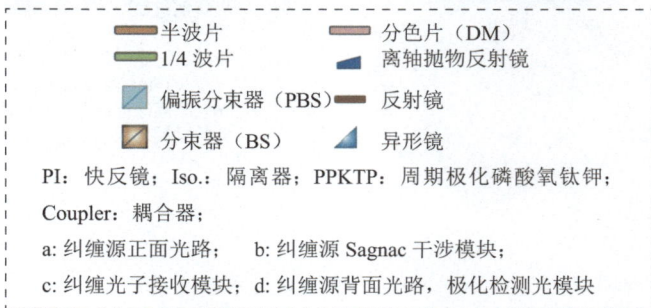

半波片	分色片（DM）
1/4 波片	离轴抛物反射镜
偏振分束器（PBS）	反射镜
分束器（BS）	异形镜

PI：快反镜；Iso.：隔离器；PPKTP：周期极化磷酸氧钛钾；

Coupler：耦合器；

a: 纠缠源正面光路；　b: 纠缠源 Sagnac 干涉模块；

c: 纠缠光子接收模块；d: 纠缠源背面光路，极化检测光模块

产生高亮度的纠缠光子对，每秒可以产生五六百万对纠缠光子对，再通过光纤分别传输给量子密钥通信机和量子纠缠发射机。

当一束泵浦光（研究人员使用波长405nm的泵浦光）通过时，PPKTP晶体和BBO晶体都能将一个高能光子劈成两个低能光子，光子的波长翻倍（405nm变成810nm），满足能量守恒。需要注意的是，这不是百分之百发生的必然事件，而是有一定的转化效率。对BBO晶体来说，转化效率会先随着晶体长度的增加而增加，但达到最优点后，转化效率将会随着晶体长度的增加而降低。PPKTP晶体的不同之处在于没有这个上限"最优点"，它的转化效率随着长度的增加而增加，这意味着研究人员可以通过增加PPKTP晶体的长度来提高转化效率。

不同于BBO晶体转化时会出现两个锥形运动轨迹，PPKTP晶体转化出来的低能光子仍旧在一条直线上，也就没有两光锥相交形成的纠缠光子对，因此需要想办法让转化出来的低能光子"纠缠"起来。

研究人员开动脑筋，设计出一个巧妙的光学路径，如图3-14所示。

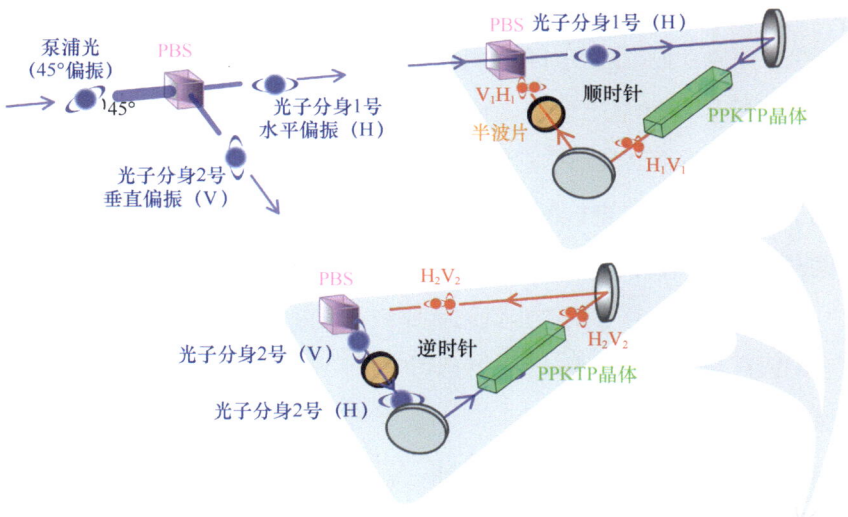

◀图3-14 小光打怪兽

$$|\psi\rangle_{1,2} = \frac{1}{\sqrt{2}} \left[\quad + \quad \right] \quad 叠加$$

这个光学路径主要由 PPKTP 晶体、偏振分束器（PBS）、HWP 和一些反射镜组成。其中，PBS 可以把一束 45° 线偏振光分成两束相互正交的偏振光，射出光的偏振角度一束是水平的，一束是垂直的；HWP 可以使入射的线偏振光的偏振方向发生变化，把 HWP 的轴斜放即可实现水平偏振和垂直偏振之间的相互变换，以下简称为偏振方向转 90°。

话不多说，让我们开始实验，跟踪光子的行踪，看它是如何一步步被附上量子的"魔法"的。

首先，启动激光器，它会将一束波长 405nm、偏振态为 45° 线偏振的泵浦光射入 PBS，如前文所说，这束光会被 PBS 的倾斜界面等概率地分为透射光和反射光，并且两束光分别带有水平 H 和垂直 V 的线偏振态。接下来，两束光会由反射镜引导，分别走顺时针和逆时针两条路线，我们把它们叫作光子分身 1 号和光子分身 2 号。

光子分身 1 号走顺时针路线，它会先经过 PPKTP 晶体这个"神器"，在它的内部，光子会发生一种叫"下转换"的物理过程，也就是把一个波长为 405nm 高能量的光子"一劈为二"，劈成波长为 810nm 的两个光子，它们各自的能量刚好是原来光子能量的一半（波长越长，能量越低，所以我们在图 3-14 中用紫色表示波长 405nm 的光子，用红色表示波长 810nm 的光子）。转换的两个光子也是带有偏振态的，一个水平、一个垂直，我们把它们的状态记作 $|H_1\rangle|V_1\rangle$。随后，两个 1 号光子会经过光路中的 HWP，前面我们讲过它的作用是反转水平和垂直偏振态，所以出来的双光子态变为 $|V_1\rangle|H_1\rangle$。

光子分身 2 号在同时走逆时针路线，它是一个 V 偏振光，会先遇到 HWP 变为水平偏振光 H，然后再经过 PPKTP 晶体，同样产生带偏振的双光子态 $|H_2\rangle|V_2\rangle$。

最后，光子分身 1 号产生的 H_1、V_1 和光子分身 2 号产生的 H_2、V_2 一起回到起点，在 PBS 的作用下射出两道光，用两个探测器对两道光路分别进行探测。两个探测器可以各自同步探测到一个光子，却无法区分哪个是从光子分身 1 号变来的，哪个是从光子分身 2 号变来的，这就形成了双光子纠缠态。

3.1.5 载荷中的"大脑"：量子实验控制与处理机

量子实验控制与处理机是载荷中的"大脑"，它体型小巧，上表面的面积与笔记本电脑的面积相当，厚约20cm，质量约7.5kg，如图3-15所示。其他有效载荷进行科学实验时发生的所有流程都由它控制，包括各种开关打开、关闭，各种参数的设置，各种数据的获取、传输和处理等。

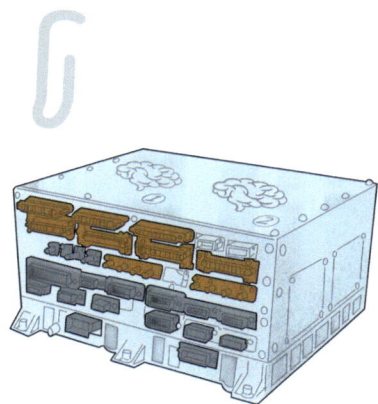

量子实验控制与处理机

质量： 7.5kg

技能： 控制所有科学实验流程

个人宣言： 我是"大脑"，另外三个有效载荷都归我管

备注： 我有1号、2号两台机器，两台机器配合工作，交叉备份

◀ 图3-15 量子实验控制与处理机

为了防止"大脑"短路，"墨子号"上有两台量子实验控制与处理机，两台机器配合工作，交叉备份。

量子实验控制与处理机还有两个小功能。一是驱动密钥信号模块。在量子纠缠发射机和量子密钥通信机中各有一个产生量子密钥信号的模块，量子实验控制与处理机的作用是产生电脉冲信号并告诉模块："可以开始工作啦！"二是时间测量。星地量子纠缠分发实验和地星量子隐形传态实验涉及纠缠光子对，两个接收端的单光子探测器会在一段时间里接收到一串光子，这串光子中的哪些光子才是一对呢？量子实验控制与处理机内置一个时间数字转换器，作用是精准测量光子到来的时间，只有同一时间到达两个接收端的光子才是一对。

"墨子号"小百科：有效载荷里的"大脑"有多聪明？

人的大脑神经元密布，量子实验控制与处理机作为有效载荷里的"大脑"，也有异常复杂巧妙的"神经元"。研究人员用5万行代码搭建起了"大脑"结构，还专门开发了简化的"语言"——长指令。

如果说向其他卫星发送任务的指令是一句话，那向"墨子号"发送任务的指令则是一段话，用多句话描述出一个场景。

量子实验控制与处理机身上的接口数量也能在一定程度上反映出"大脑"的复杂程度，如图3-16所示，每个接口都像一个神经突触，负责与其他设备建立联系。

接下来，举个例子介绍量子实验控制与处理机是怎么处理这些复杂的信息的。

地面的研究人员会向"大脑"传输各种指令，各个有效载荷也会向"大脑"传输数据，就算这些信息"打架"也不会影响"大脑"做实验。

"大脑"有工作模式和待机模式，当"大脑"处于工作模式时，就会专心完成正在进行的实验，其他指令一律无视，只有实验结束进入待机模式后，其他指令才能进来。

"大脑"还有自我保护能力，即使地面操作发送了错误的指令也不会伤害到"大脑"。例如，如果指令里的电流参数设置过大，一旦执行命令将损伤电路，这时"大脑"就能直接识别出来，不会按照错误指令执行。

◀ 图3-16 量子实验控制
与处理机实物图

3.2 卫星平台：一体化设计 满足有效载荷一切需求

　　"墨子号"在太空中运行时，会面临极端的环境。4 个有效载荷是灵敏但脆弱的仪器，因此需要一个强有力的保护者，这就是"卫星平台"充当的角色。卫星平台在能源、温度和环境等方面为有效载荷的平稳高效运行提供足够的保障。

　　"墨子号"的卫星平台十分特别，是为 4 个有效载荷"私人订制"的，与有效载荷同步一体化设计。一般来说，卫星平台和有效载荷是分开的，研究人员不需要设计卫星平台，可以像选商品一样从几种通用型卫星平台中选一个做"框架"，再把有效载荷装进去即可。

　　同步一体化设计使"墨子号"卫星平台的各项性能得到优化，其中最主要的三大亮点是高精度的姿态控制、抑制微振动干扰、平台与载荷协同控制。

　　卫星平台可分为七大分系统，分别是结构与机构、姿态控制、星务、热控、能源、测控、数据通信。结构与机构决定了"墨子号"内部的结构和各个部件的排布；姿态控制让"墨子号"自身变换姿态与载荷协同跟瞄；星务是处理"墨子号"所有运行信息的"大管家"；热控保证卫星各个部件在合适的温度下运行；能源中最主要的就是太阳能帆板；测控是跟踪卫星位置信息的通道；数据通信是"墨子号"向地面传输实验数据的经典信道。

3.2.1 "墨子号"内部是如何排布的？

　　结构与机构分系统是"墨子号"的支架。从外观来看，结构与机构分系统像座房子（二层），实际上它又轻又强。表面的 8 块板材是为

"墨子号"抵御外界环境干扰的盔甲，里面一块块隔板和框架如同墙壁，不仅支撑起了"墨子号"的内部结构，还将空间巧妙分隔成10多个小舱位，每个小舱位根据位置和视域特点精准放置着"墨子号"的仪器设备。

"墨子号"的结构与机构分系统质量为80kg，又轻又强是它的特点。强是保证卫星结构稳定坚固，承受住卫星发射和太空运行时的各种作用力；轻是为省下更多质量留给有效载荷，毕竟运载火箭的运载质量是有上限的，卫星平台的质量越轻，有效载荷可用的质量份额就越大。因此，研究人员使用铝蜂窝板等比较轻的板材制作表面板、隔板等，并在承力方面增加了4个碳纤维框架巩固强度。

图3-17是"墨子号"内部结构与机构分系统，一块中层板将"墨子号"的内部空间分割为上下两层，一块块"墙壁"进一步将上下层间隔出更多小舱位，上层舱位搭载有效载荷，下层舱位搭载卫星平台，比对图3-18和图3-19可以看到不同仪器设备放置的位置。

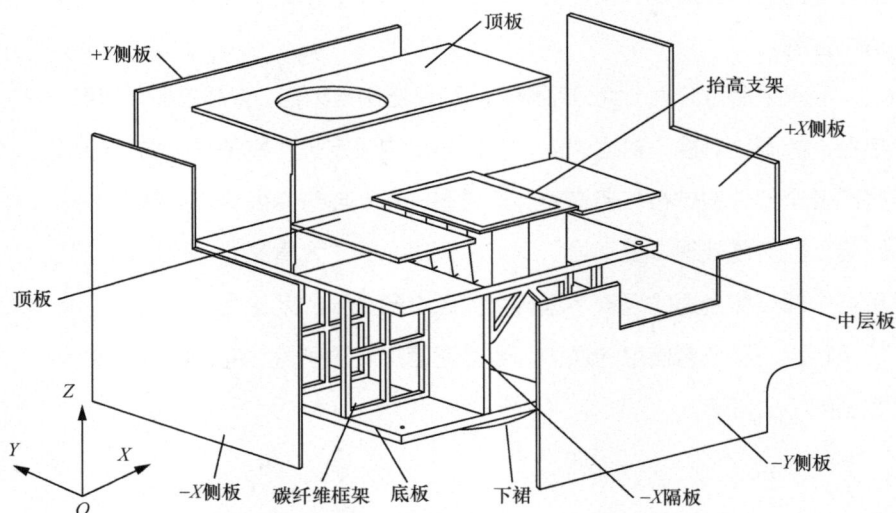

▲ 图3-17 "墨子号"内部结构与机构分系统

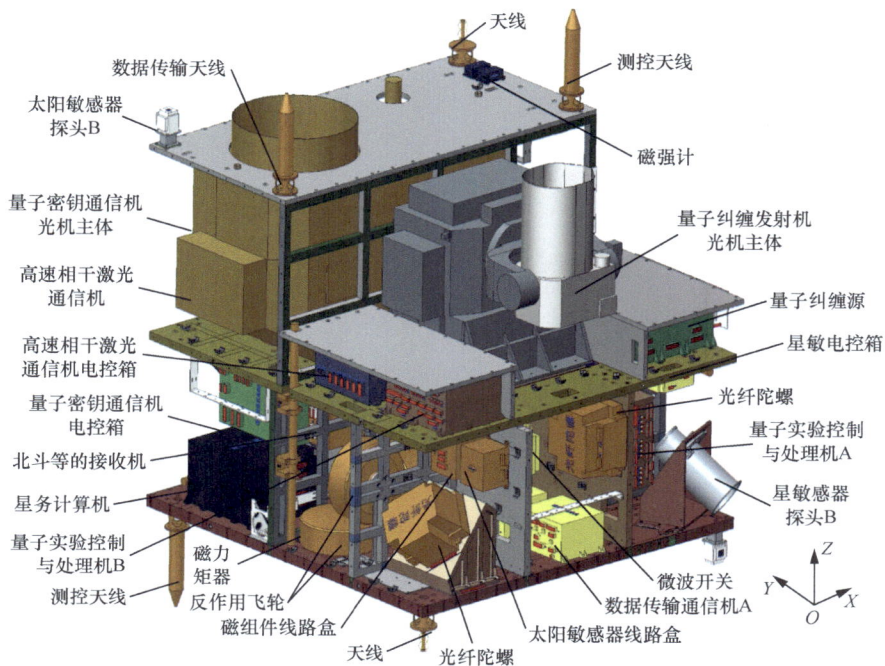

天线
测控天线
数据传输天线
太阳敏感器探头B
磁强计
量子密钥通信机光机主体
量子纠缠发射机光机主体
高速相干激光通信机
量子纠缠源
高速相干激光通信机电控箱
星敏电控箱
量子密钥通信机电控箱
光纤陀螺
北斗等的接收机
量子实验控制与处理机A
星务计算机
星敏感器探头B
量子实验控制与处理机B
磁力矩器
反作用飞轮
磁组件线路盒
微波开关
数据传输通信机A
太阳敏感器线路盒
测控天线
天线
光纤陀螺

◀ 图 3-18 "墨子号"的内部（1）

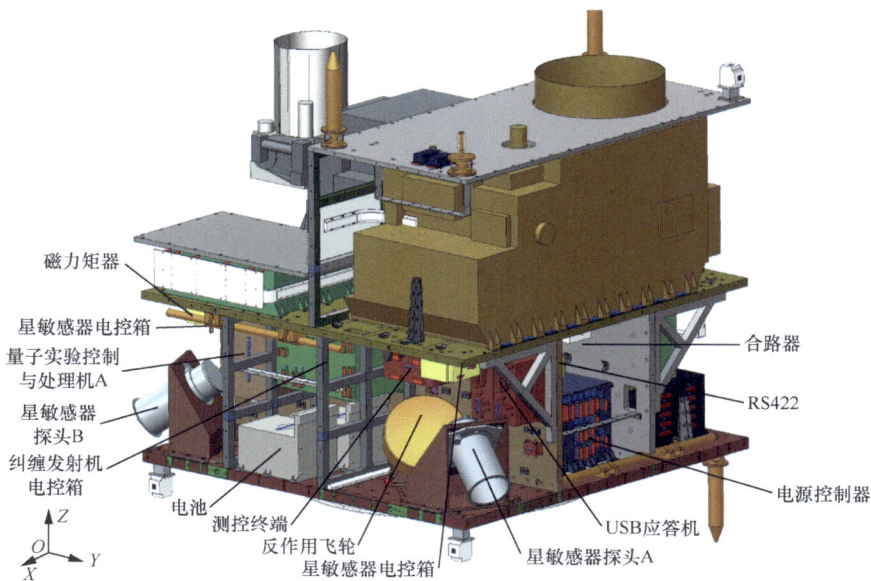

磁力矩器
星敏感器电控箱
量子实验控制与处理机A
星敏感器探头B
纠缠发射机电控箱
电池
测控终端
反作用飞轮
星敏感器电控箱
星敏感器探头A
USB应答机
合路器
RS422
电源控制器

◀ 图 3-19 "墨子号"的内部（2）

　　姿态测量部件包括星敏感器、太阳敏感器。在综合考虑载荷和各天线的指向要求、姿态测量部件的视场需求后，姿态测量部件被放置于卫星平台的外部。卫星通过敏感器观测自身姿态，例如卫星通过太阳敏感器来确定太阳矢量在星体坐标中的方位，从而获取卫星相对于太阳的方位信息。

"墨子号"小百科：连微振动也不放过！

"墨子号"在设计时考虑了很多微振动的影响，原因是"墨子号"要进行高精度的地面站跟踪，反作用飞轮、帆板等运动部件会产生振动，进而干扰跟踪。

研究人员在设计上采取了隔离微振动的减振措施。运动部件产生的振动有其传导路径，研究人员在振动传导路径的结构板、板件连接器上安装减振器或减振材料，使振动到达有效载荷时大幅衰减，如图 3-20 所示。

这是一种被动式的减振方法，主动式减振一般向振动的反方向施加动力。被动减振就能达到"墨子号"的要求，而且可靠性更高，技术方案更易实施。

在设计过程完成后，下一步是开展严苛的地面验证。实验中，研究人员把整颗卫星吊起来模拟飞行状态，以此确保卫星上天后，有效载荷不会受到微振动的影响，实现精准对站跟踪。

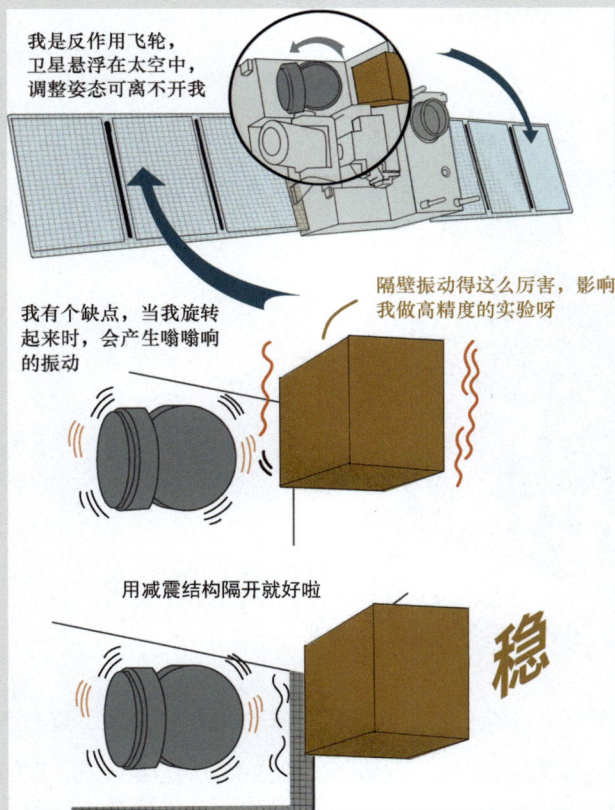

我是反作用飞轮，卫星悬浮在太空中，调整姿态可离不开我

我有个缺点，当我旋转起来时，会产生嗡嗡响的振动

隔壁振动得这么厉害，影响我做高精度的实验呀

用减震结构隔开就好啦

稳

◀ 图 3-20　在反作用飞轮等部件的振动传导路径上放置减振材料，以此解决微振动

3.2.2　创新姿控让卫星姿态 "72 变"

姿态控制分系统是卫星平台里创新性最强的部分。对于与"墨子号"不同的其他卫星来说，跟踪地面站是有效载荷的任务，卫星本身只须保持对准地心就行了，而在"墨子号"上，依靠姿态控制分系统实现卫星对地面站的跟踪，让卫星和有效载荷一起完成对地面站高精度指向，这个过程叫作"姿态机动"。

为了实现高精度姿态机动，姿态控制分系统上额外安装了更高精度的星敏感器和 ATP 相机，使姿态控制分系统在测量"墨子号"自身姿态时测量得更准。星敏感器通过天上的恒星判断卫星的相对方位，ATP相机捕获地面站发出的引导光，进而判断卫星与地面站的相对方位，如图 3-21 所示。

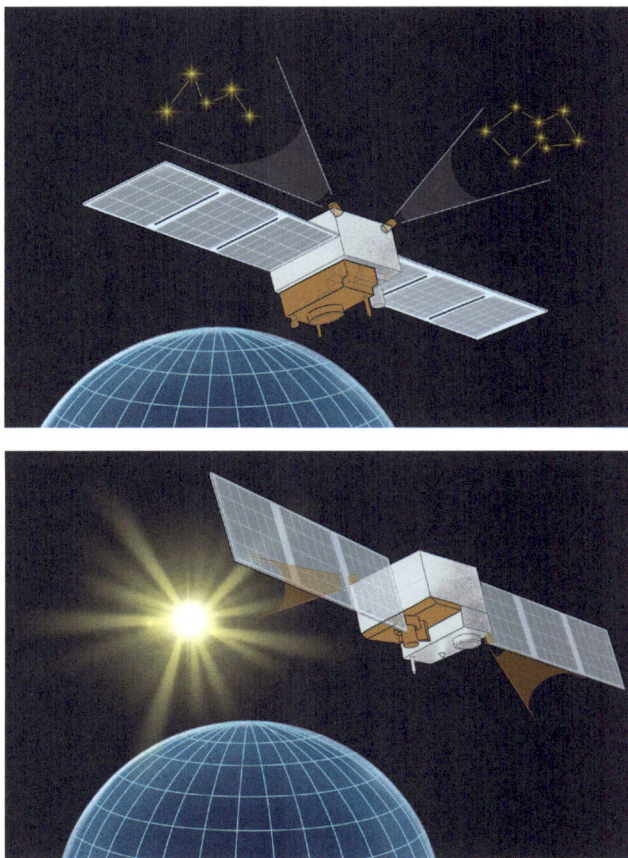

◀ 图 3-21　星敏感器视场（上）和太阳敏感器视场（下）

"墨子号"的姿态控制分为测、控、执行 3 个环节。

测，是测卫星自身的姿态。只要获得某两个参考坐标系的相对方位就可以确定卫星姿态，一般卫星会配备太阳敏感器和磁强计，其中磁强计类似于指南针，用于判断卫星相对于地磁场的方位，加上"墨子号"在此基础上额外配备的高精度星敏感器和 ATP 相机。这 4 种部件组成了"墨子号"的姿态测量系统，它们互为备份。"墨子号"做实验时，优先使用的是测量精度更高的 ATP 相机和星敏感器，如果两者都坏了不能用，就由太阳敏感器和磁强计"上场"。

控，星载计算机（即星务分系统）协同控制有效载荷和卫星平台，根据实际情况，选择相应的测量部件组合测量卫星姿态，再计算出相应的转动、转速等数据，告知执行部件。

执行，"墨子号"的执行部件是反作用飞轮和磁力矩器。反作用飞轮转动会使卫星往相反方向转动，磁力矩器则是用通电的方式让卫星受到地磁场影响，进而使卫星转动。

从图 3-18 和图 3-19 中，可以看到这些部件（ATP 相机除外，ATP 相机位于纠缠发射机和密钥通信机内部）的具体形状和放置位置。细心的读者会发现，"墨子号"分别有 4 个反作用飞轮和 4 个磁力矩器。事实上，要独立控制卫星转动只需要用到 3 个反作用飞轮或 3 个磁力矩器，多余的 1 个是为增强可靠性而配置的备用设备，放置的位置保证使用时控制的方向与其他 3 个的方向有一定角度即可。

"墨子号"小百科："墨子号"日常有哪几种姿态？

"墨子号"的姿态与正在做的事有关。对准地面站做实验的时候，"墨子号"对地面站定向；向数据通信站传输科学数据时，"墨子号"对地心定向；此外，日常最多的姿态是对日定向，"墨子号"的太阳能帆板法线矢量与太阳方向矢量夹角始终小于 40°，可以稳定吸收太阳能进行能源储备。

3.2.3 卫星"大脑"协同控制有效载荷

量子实验控制与处理机是有效载荷的"大脑",星务分系统则是整颗卫星的"大脑"。简单来说,量子实验控制与处理机也要"听从"星务分系统的指挥。

星务分系统相当于整颗卫星的"大脑",负责卫星的综合数据信息管理,根据飞行程序进行卫星飞行任务的管理、调度和控制,实现姿态控制、能源、热控、测控、数据通信的自主管理与控制。

为了实现卫星平台和有效载荷的协同控制(尤其是姿态控制环节,卫星平台和有效载荷协同跟踪地面站),研究人员在星务分系统的软件上下了不少功夫,使其与有效载荷的控制软件相匹配。

"墨子号"小百科:星务计算机出过 bug 吗?

宇宙辐射可能会导致程序或电路故障,比如太空中的高能粒子射入存储器、处理器等半导体器件灵敏区,使器件逻辑状态翻转("0"变为"1"或"1"变为"0")。

这时星务计算机有两种应对方案,首先是自动修复,比如重启即可恢复。如果程序被辐射"打坏"了,重启不能恢复,那就要重新上注一个程序,像跳过磁盘坏区一样跳过损坏的程序。

3.2.4 精准调控卫星各部位"体温"

量子科学实验所需的实验设备大多内含精密光学装置,对温度很敏感,所以"墨子号"的热控分系统需要十分精准。单光子探测器只能在 $-60\sim30\,℃$ 的温度下工作;望远镜在 $20\,℃$ 左右的温度下工作;量子纠缠源内部最重要的精密光学装置干涉仪对温度很敏感,只能接受温度变化在 $1\,℃$ 以内;各种电子学仪器不能在温度太低的环境下工作;计算机在低于 $0\,℃$ 的情况下无法稳定启动。热控分系统精准地满足了各台设备的温度需求。

虽然从技术创新性的角度来看,"墨子号"的热控实现方案在卫星中算不上突出,但这并不妨碍它靠稳定和精准取胜,长期保障了各类设备在太空极端环境下对温度的苛刻要求。

作为一颗太阳同步轨道卫星，"墨子号"阴阳两面的温度相差约180℃。在外部温度环境极端的同时，"墨子号"的内部只要是会产生功耗的仪器都会产生热量，因此内部温度环境也比较复杂。如果不加以控制，热的部位热量越积累越热，而冷的部位依旧很冷。散热的方式有热传导、热对流、热辐射3种，太空中没有空气，无法通过空气的对流带走热量，因此"墨子号"的散热是通过热辐射和热传导发挥作用。

为了解决"墨子号"上冷热不均、热量积累的问题，研究人员设计了一个等温化热控方案。

首先，通过隔热避免卫星受到太阳光等外部热量影响，卫星壳体内外包裹多层隔热组件，实现内外隔热。

其次，善用星上设备产生的热量，让热量在卫星内部流动，根据各台设备对温度的要求设计热传导线路。

再次，把多余的热量散出去，在背对太阳的方向安装热辐射板，使热量辐射出去，从而保证卫星整体温度稳定在20℃左右。

最后，给对温度要求更高的设备"开小灶"，加装高精温控仪和散热面，闭环控制多个部位的散热和加热，使这些部位的温度变化都稳定在较窄范围内。

3.2.5　可靠性第一的能源、测控与数据通信

能源、测控、数据通信3个分系统使用了在其他卫星上充分验证的技术方案，创新性较低。"墨子号"对这3个分系统的最大要求是稳定、可靠。

能源分系统承担着有效载荷和卫星平台各台设备的供电任务。当"墨子号"在太阳光照耀下时，太阳能帆板吸收太阳能供电，并且为锂离子蓄电池组充电；当"墨子号"进入阴影区时，转由锂离子蓄电池组供电。

测控分系统负责配合地面测控站完成对卫星的跟踪、测距、测轨、

遥测及遥控任务，测定轨与预报要求卫星空间位置误差不大于 500m，无北斗等系统时的卫星空间位置误差不大于 100m，有北斗等系统时的卫星空间位置误差不大于 10m，速度误差不大于 0.2m/s。

数据通信分系统建立起了有效载荷与地面数据通信站之间的双向高速数据传输通道，其中地面有位于密云、青岛、三亚、喀什的 4 个数据通信站可用，这就是支持"墨子号"开展量子科学实验中的"经典信道"，数据通信可以在量子信道通信结束之后进行，要求在实验结束 24h 内传输完毕。

3.3. 在 500km 的太阳同步轨道上飞行

　　"墨子号"在距离地球 500km 的太阳同步轨道上飞行，每 90min 就可以绕地球一圈。"墨子号"还是个"夜猫子"，它只在夜里工作。

　　"墨子号"是一颗太阳同步轨道卫星，轨道高度为 500km。太阳同步轨道是环绕在地球外部的一种近极地轨道，所以"墨子号"从南极到北极、再从北极到南极，一圈一圈地绕着地球南北向飞行，且轨道平面与太阳光之间的角度方向始终保持一致，轨道平面转动角速度与地球围绕太阳公转的角速度相同，如图 3-22 所示。

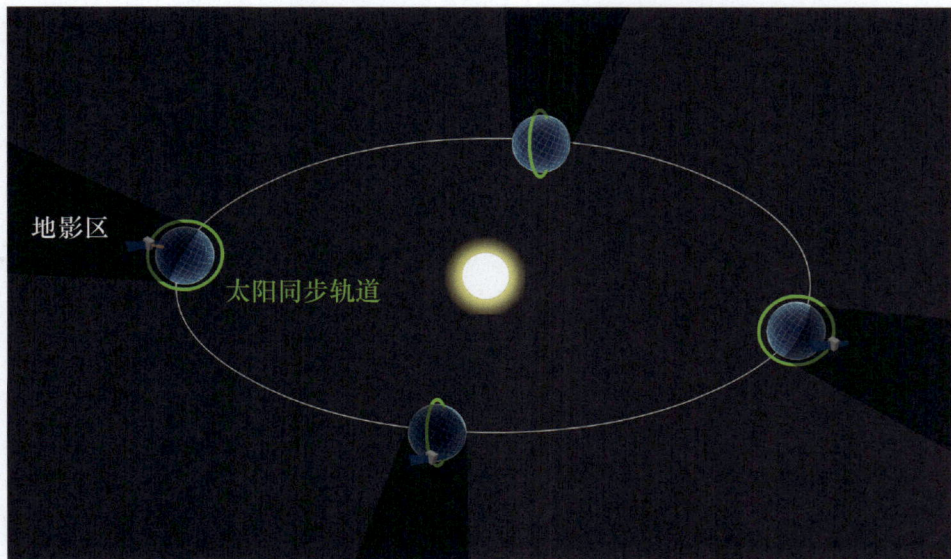

▲ 图 3-22　太阳同步轨道卫星转动的示意图

最初，研究人员计划将"墨子号"发射到 600km 轨道上。考虑到轨道高度越高，运载成本越高，宇宙辐射也越强，研究人员一开始就确定了"墨子号"要在 500~800km 的低地球轨道上运行，但具体是500km、600km，还是 700km、800km，则需要更多仿真验证。研究人员发现，轨道高度越高，各个地面站可进行星地实验的时间越长，但距离 1 450km 高度处的范艾伦辐射带 [2] 越近，综合考虑之下，"墨子号"初选工作轨道高度为 600km。

然而，到后期实验验证时，研究人员发现即使是在 600km 轨道高度，辐射依旧会导致单光子探测器失效。这是因为单光子探测器内含半导体器件，高能粒子可以把半导体器件晶格打出小洞，而这些小洞会被单光子探测器误认为光子到达的信号，从而导致暗计数增加。因此，研究人员除降低设备温度、增加设备屏蔽厚度外，也将"墨子号"的轨道高度降到了 500km。

现在的"墨子号"每 90min 即可绕地球转动一圈，会在每天相同时间路过地球相同地点的上空。由于地球自西向东的自转，"墨子号"每绕地球一圈，就会在地球上空留下一条东北－西南走向的轨迹斜线。

夜间的 12h 当中，这样的轨迹斜线有 8 条，其中有 3 条路过我国境内，一般情况下"墨子号"第一圈路过北京兴隆站和云南丽江站，第二圈路过青海德令哈站和乌鲁木齐南山站，第三圈路过西藏阿里站。"路过"不代表"墨子号"出现在地面站的正上空，也包括有一定斜角的情况，在路过时即可做实验。

2　范艾伦辐射带：1958 年由美国物理学家范艾伦发现并以其名字命名，范艾伦辐射带内的高能粒子对载人空间飞行器、卫星等都有一定危害。

"墨子号"小百科：为什么选择太阳同步轨道？

卫星在太阳同步轨道上运动时，卫星、地球、太阳的位置变化好像很复杂，但其实太阳同步轨道对卫星本身来说非常简单，甚至可以说为工作省去了很多麻烦。

第一个好处就是卫星不需要为了适应太空环境做出太多姿态变化，因为卫星对地球和太阳的角度不变。想想看，太阳能帆板只要以固定姿势展开，就能始终以最优光照角度吸收太阳能；热控分系统不用经常切换控温策略。因为卫星朝着太阳的一面永远朝着太阳，背对着太阳的一面永远背对着太阳，卫星在太空中阳面和阴面的温差有数百摄氏度，所以调整控温策略影响很大。

第二个好处是，太阳同步轨道卫星对地球的覆盖很广，且特定地点重访性高。在同样的轨道高度下，地球同步轨道卫星对地球的覆盖相当于一条"腰带"，中低倾角轨道对高纬度地区和极区存在连续盲区。太阳同步轨道可以很好地满足"墨子号"的需求，我国纬度不同的多个地面站、数据通信站都能被卫星"路过"，每天有多次实验机会。

"墨子号"小百科："墨子号"是个"夜猫子"

"墨子号"是个名副其实的"夜猫子"，它的实验总在夜幕降临后进行。这是因为量子科学实验在卫星和地面站之间传输光子，如果在白天做实验，光子会受到日光的干扰，微弱的光子混在强烈的日光中，接收和探测的技术难度极大。一直以来，研究人员为克服这个问题做了大量研究，第5章将讲到未来要发射的新一代高轨量子科学实验卫星，已经具备了白天做实验的能力。

"墨子号"除了不能在白天做实验，最怕的是天气不好，地面站所在地阴天、多云时同样会阻碍光子传输，所以"墨子号"一般选择在晴朗的夜晚做实验，如图3-23所示。

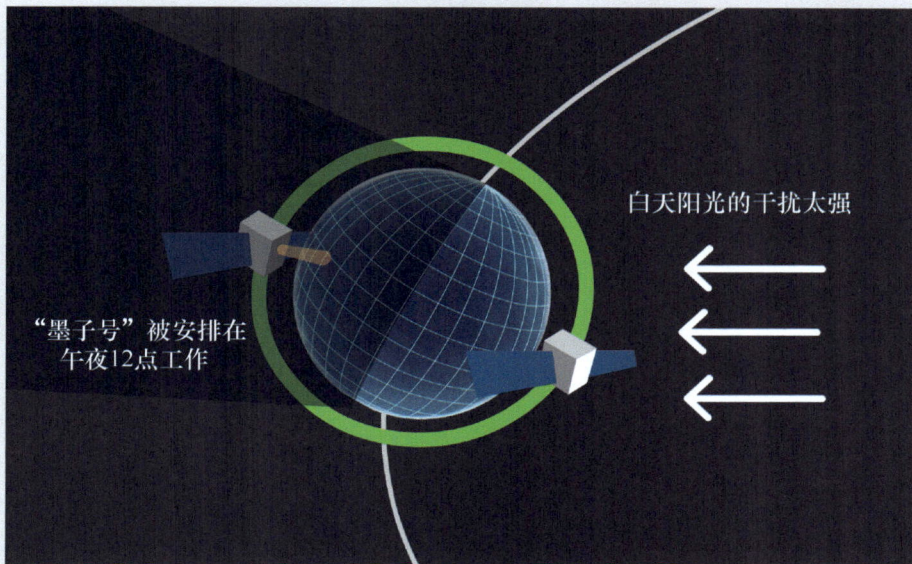

▲ 图3-23 "墨子号"必须在地影区做实验

第 4 章

"墨子号"完成的那些
重大实验

"墨子号"在太空中迈出的每"一小步"，都是量子科学实验研究的"一大步"。

全球首次千公里级星地量子纠缠分发、全球首次千公里级星地量子密钥分发、全球首次千公里级地星量子隐形传态、全球首次洲际量子保密视频通话、全球首个天地一体化量子通信网络……在发射升空后的 5 年多时间里，"墨子号"系列成果赢得了巨大国际声誉。它不断刷新量子科学研究的世界纪录，是登上国际顶级学术期刊的常客。这些成果标志着我国在量子通信领域的研究在国际上达到全面领先的优势地位。

本章将介绍"墨子号"与地面站小伙伴们一起完成的那些受到世界瞩目的实验。

4.1 一起做实验的地面站小伙伴

与其他卫星独自在太空完成任务不同，"墨子号"还有 5 个地面站的支持，它们分别是八达岭长城北侧的北京兴隆站、乌鲁木齐南山站、青海德令哈站、云南丽江站和"暗夜公园"西藏阿里站，如图 4-1 所示。其中，前 4 个地面站是量子信号接收地面站，它们都具备独立完成星地高速量子密钥分发实验、配合进行星地量子纠缠分发实验和广域量子保密通信网络实验的能力，根据实际情况，在侧重的实验类型和组对配合上有所区别。西藏阿里站与其他 4 个地面站不同，它是唯一的地面发射站，完成从地面向卫星发射量子信号的任务，同时也是唯一的量子隐形传态实验站，只有它可以配合"墨子号"进行地星量子隐形传态实验。地面站参与实验情况见表 4-1。

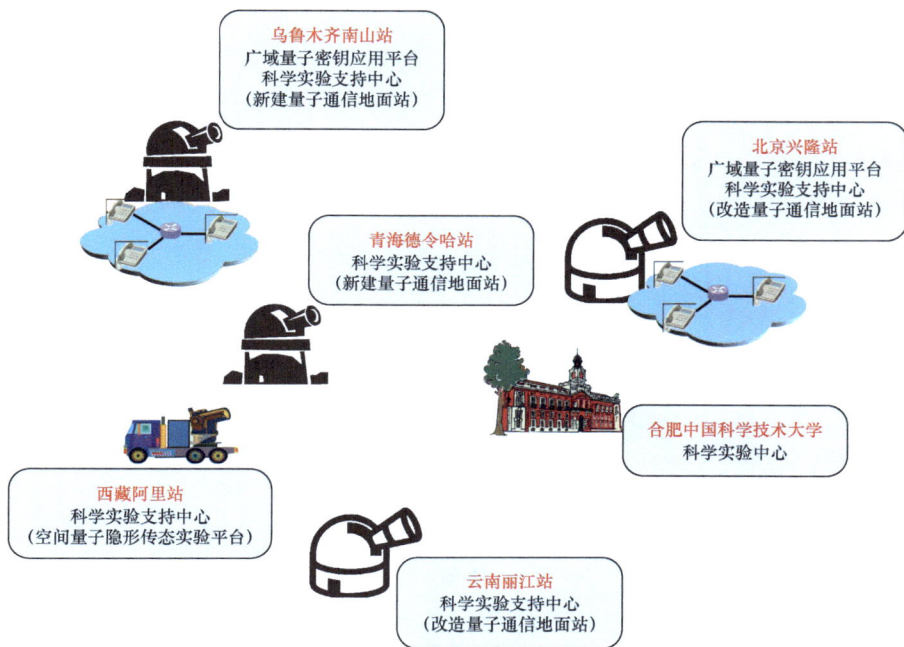

◀ 图 4-1 "墨子号"科学应用系统分布图

乌鲁木齐南山站
广域量子密钥应用平台
科学实验支持中心
（新建量子通信地面站）

北京兴隆站
广域量子密钥应用平台
科学实验支持中心
（改造量子通信地面站）

青海德令哈站
科学实验支持中心
（新建量子通信地面站）

合肥中国科学技术大学
科学实验中心

西藏阿里站
科学实验支持中心
（空间量子隐形传态实验平台）

云南丽江站
科学实验支持中心
（改造量子通信地面站）

▼ 表 4-1　地面站参与实验情况

序号	实验任务名称	参与实验的地面站	备注
1	星地高速量子密钥分发实验	乌鲁木齐南山站 / 北京兴隆站	地面单站分时接收量子信号光
2	广域量子保密通信网络实验	乌鲁木齐南山站 / 北京兴隆站	地面单站分时接收量子信号光
3	星地量子纠缠分发实验	乌鲁木齐南山站 – 青海德令哈站双站 青海德令哈站 – 云南丽江站双站	地面双站组同时接收量子信号光
4	地星量子隐形传态实验	西藏阿里站	地面单站发射量子信号光

"墨子号"小百科：你知道地面站长什么样吗？

　　与"墨子号"相关的 5 个地面站都是以中国科学院的天文地面站为基础改造或新建的，在选址方面紧紧围绕"支持科学实验"这个需求，主要考虑了地理位置、天气条件和建设可行性。

　　量子通信地面站需要具备高精度自动跟瞄、量子信号接收与测量、信标光收发、同步光收发功能，主要设备是望远镜和电子学设备，如图 4-2 所示。其中，望远镜放置于二维转台上，二维转台本身还有一个质量达十几吨的大底座，用来减小地面振动对实验的影响。

卫星发射出的量子信号光束到达地面后，覆盖范围是一个直径约为 10m 的大圆圈，其中一部分光束会被地面站望远镜接收到（小提示：望远镜口径大于 1m，未落入其中的量子信号被直接损耗，损耗在可接受范围内）。这些量子信号经后光路、单光子探测器和时间－数字转换器等电子学设备探测后，生成量子通信密钥或量子纠缠探测信息，最后把实验数据汇总到数据中心。

　　此外，西藏阿里站作为唯一的量子隐形传态实验站，需要自下而上向"墨子号"发射量子信号。因此，其设备配置与其他 4 个地面站大不相同，不仅有量子纠缠源，而且为了增加上行量子信号的强度，望远镜的数量也从 1 台增加到了 3 台。

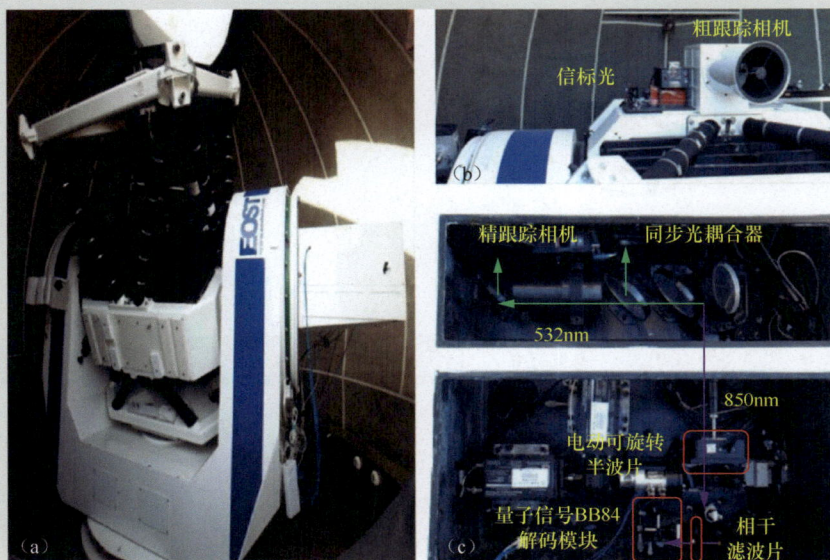

▲ 图 4-2　量子通信地面站结构图

4.1.1　第一个与"墨子号"握手的地面站：北京兴隆站

　　2016 年 8 月 19 日，"墨子号"和北京兴隆站顺利完成了第一次"握手"，之后两者的"握手"常常引起轰动。其中较为著名的有全球首次星地高速量子密钥分发实验，2017 年 8 月 10 日在线发表于《自然》杂志；2017 年 9 月 29 日的全球首次洲际量子保密视频通话，"墨子号"分别与北京兴隆站和奥地利格拉茨地面站进行星地高速量子密钥分发；2021 年 1 月 7 日，"墨子号"牵手"京沪干线"，构建了跨越 4 600km 的天地一体化量子通信网络雏形，而北京兴隆站正是"墨子号"与"京沪干线"的连接点。

北京兴隆站之所以是第一个与"墨子号"握手的地面站，与它的地理位置直接相关。北京兴隆站是 5 个地面站中最东边的一个，这意味着"墨子号"每天经过的第一个地面站就是它，因此安排北京兴隆站首先与"墨子号"进行轨道测试是偶然中的必然。

北京兴隆站位于东亚大陆规模最大的光学观测基地——中国科学院国家天文台兴隆观测基地。星地高速量子密钥分发实验所使用的望远镜口径为 1m，它是研究人员对基地一台望远镜进行光路改造后得来的，如图 4-3 所示。

▶ 图 4-3 中国科学院国家天文台兴隆观测基地（感谢陈颖为老师供图）

中国科学院国家天文台兴隆观测基地隶属于中国科学院国家天文台和中国科学院天文光学技术重点实验室，始建于 1965 年，1968 年初步建成并投入运行。基地位于河北省兴隆县境内的燕山主峰南麓、八达岭长城北侧，海拔 960m，周围无山脉遮挡，地平高度 10° 以上的目标都能观测，每年平均有 240 ~ 260 个光谱观测夜，其中包含100 ~ 120 个测光观测夜，晴夜数较多。

基地拥有口径 50cm 及以上的天文望远镜 9 台，包括郭守敬望远镜（LAMOST）、2.16m 天文望远镜、1.26m 红外望远镜、1m 反光望远镜、60/90cm 施密特望远镜、85cm 反光望远镜、80cm 反光望远镜、60cm 反光望远镜、50cm 反光望远镜，具备覆盖高、中、低色散光谱和高精度测光的观测设备，探测能力覆盖光学波段和近红外波段。其中 1m 反光望远镜被改造用于星地高速量子密钥分发实验。

"墨子号"小百科：单站模式的科学实验如何进行？

北京兴隆站一般是以"单打独斗"的方式配合"墨子号"做实验，这里我们以北京兴隆站为例，介绍"墨子号"单站模式的科学实验。

实验在夜间进行，研究人员一般要在当天早上编写实验计划，传输给卫星和地面站，卫星和地面站据此提前计算并调整指向角度等参数。

实验的第一步是地面站与卫星互相捕获跟踪，整个过程如同一场"光影秀"，如图 4-4 和图 4-5 所示。

▲ 图 4-4　北京兴隆站做实验时的"光影秀"（感谢陈颖为老师供图）

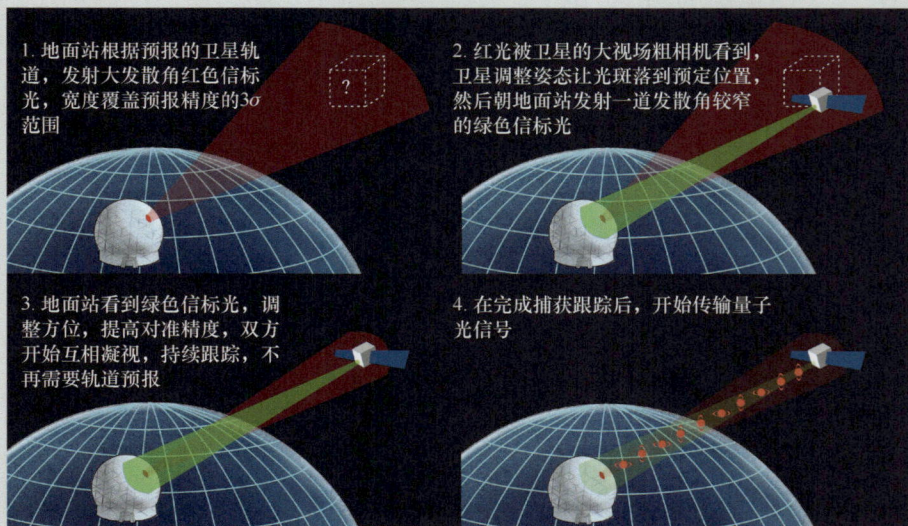

1. 地面站根据预报的卫星轨道，发射大发散角红色信标光，宽度覆盖预报精度的 3σ 范围

2. 红光被卫星的大视场粗相机看到，卫星调整姿态让光斑落到预定位置，然后朝地面站发射一道发散角较窄的绿色信标光

3. 地面站看到绿色信标光，调整方位，提高对准精度，双方开始互相凝视，持续跟踪，不再需要轨道预报

4. 在完成捕获跟踪后，开始传输量子光信号

▲ 图 4-5　量子通信链路建立过程示意图

当卫星从地平线上升起后，地面站马上发射一道红色信标光为卫星引路，这道信标光相当于在卫星轨道上画了一个直径为 60m 的大圆圈，将卫星覆盖住并随之移动。

　　卫星根据红色信标光捕获地面站并转入对地面站的跟踪模式，同时向地面站发射出一道发散角更窄的绿色信标光，供地面站捕获跟踪，双方就此建立稳定的跟踪指向关系。

　　第二步是整个实验的重头戏，卫星端发射量子信号，地面站接收后开始进行量子通信，直到光链路断开。

　　整个过程中，卫星的过站弧段分为 4 个阶段，分别是通信准备阶段，约 10min；捕获跟踪阶段，约 1min；量子数据传输阶段，约 3min；量子通信链路撤销阶段，不超过 10min。

　　此时，卫星已经将实验数据保存起来，等几小时或十几小时后经过数据传输站时，卫星再把实验数据传输下来。正因为量子信号传输和基矢传输两个过程是分开的，所以一次完整的星地高速量子密钥分发实验最快要 24h，一般需要 48h。

4.1.2　"全能型"量子通信地面站：乌鲁木齐南山站

　　在 5 个量子通信地面站里，乌鲁木齐南山站擅长的实验种类最多，研究人员在其他地面站安排了 1 种或 2 种实验，而在乌鲁木齐南山站安排了 3 种，分别是独立配合卫星进行星地高速量子密钥分发实验、通过卫星中继与北京兴隆站一起完成广域量子保密通信网络实验、与青海德令哈站一起完成星地量子纠缠分发实验。

　　乌鲁木齐南山站位于中国科学院南山观测基地，是 5 个地面站中最西边的一个，如图 4-6 所示，它也是 4 600km 天地一体化量子通信网络雏形中最西边的端点，研究人员为它新建了一台口径为 1.2m 的光学望远镜。

　　中国科学院南山观测基地位于新疆乌鲁木齐市以南的天山，距乌鲁木齐市约 70km，海拔 2 080m，距亚洲大陆地理中心约 20km，是中国科学院射电天文重点实验室成员和中国科学院空间目标与碎片观测重点实验室构成单元。基地始建于 1991 年，有 25m 射电天文望远镜、40cm 精密光电望远镜、太阳色球望远镜、北斗等卫星定位观测系统等

► 图 4-6　乌鲁木齐南山站

仪器，其中 25m 射电天文望远镜从 2005 年开始参加我国探月工程，是我国探月工程相关测轨系统的 4 个测站之一。

"墨子号"小百科：卫星过站的光影全貌是如何记录下来的？

图 4-4 中的"墨子号"过站光影像"虚线"一样，明显是一段一段的。图 4-7 的绿色光影线中也有小小的一段一段，越靠右边越明显。

其实，图 4-4 和图 4-7 都不是单独的一张照片，而是用若干张照片"拼"出来的，"一段"就是一张照片。长曝光可以把夜间光线暗的场景拍得更清晰，研究人员拍摄照片的曝光时间在 10~20s，每个"一段"都是卫星在曝光时间段里滑过天空的轨迹。

▲ 图 4-7　"墨子号"过境乌鲁木齐南山站全貌

除了颜色不同，卫星和地面站发出的信号光没什么区别。也许你会好奇为什么照片中的红光都是扇形的，而绿光只有一条线？原因在于，研究人员是在地面拍摄卫星的。在地面仰望卫星，发射着绿色信标光的卫星只是一个绿色光点，在地面看地面站发射出的红色信标光则是一条线。可以用手电筒模拟，拿着手电筒的一方看到的是光线，而正对着手电筒的人看到的是光点。

值得一提的是，为了捕捉"墨子号"过境的照片，实验时，在外场的研究人员几乎人手一台单反相机，他们如今大都锻炼成了夜间也能拍出好照片的摄影高手。

4.1.3 擅长量子纠缠分发的地面站：青海德令哈站

2017 年 6 月 16 日，由青海德令哈站和云南丽江站组对完成的千公里级星地量子纠缠分发实验登上《科学》杂志封面，助"墨子号"打响头炮。

青海德令哈站位于中国科学院紫金山天文台青海观测基地，研究人员为它新建了一台口径为 1.2m 的光学望远镜，这台望远镜与乌鲁木齐南山站新建的望远镜一样，因此这两台望远镜可以说是"双胞胎"，如图 4-8 所示。由于青海德令哈站处于其他 4 个地面站的中间位置，因此典型的双站模式实验星地量子纠缠分发实验有青海德令哈站参与。同时，青海德令哈站还可以配合"墨子号"完成星地高速量子密钥分发实验，如图 4-9 所示。

▲ 图 4-8 青海德令哈站（左）和站内口径为 1.2m 的光学望远镜（右）

德令哈市是青海省第三大城市，在蒙古语中的意思是"太阳升起的地方"，中国科学院紫金山天文台青海观测基地就在德令哈市以东 35km 的戈壁滩上。那里属于美丽的"世界屋脊"青藏高原，海拔 3 200m，地貌部位为巴音郭勒河冲洗积扇的前缘轴部，地形开阔平坦，微向南倾，坡度为 1°，天文观测视角绝佳，基本没有遮挡。

▶ 图 4-9 青海德令哈站配合"墨子号"做实验

"墨子号"小百科：双站模式的科学实验如何进行？

双站模式缘自星地量子纠缠分发实验的需求，这里我们以青海德令哈站和乌鲁木齐南山站组对为例，如图 4-10 所示。广域量子保密通信网络实验需要用到两个地面站，但两个地面站的量子密钥传输是先后独立进行的，不同于这里"墨子号"同时对两个地面站的双站模式。

首先，研究人员向卫星和地面站发送实验计划。在进入实验准备阶段后，卫星调整自身姿态，实现对青海德令哈站的大体指向，耗时约 10min。随后，星上 ATP 系统以粗精两级闭环方式实现对青海德令哈站的指向跟踪，这与对单站定向的方式一致，耗时 1min。随后，星上二维转台有效载荷启动，在满足同时通信的距离约束前，完成对乌鲁木齐南山站的闭环指向跟踪，大约耗时 0.5min。

这时，卫星对两个地面站的链路均已建立，正式开始量子纠缠分发，实验大约持续 2min。在通信距离超出 2 000km 之后，实验结束，有效载荷关机，卫星调整姿态为对日定向，大约耗时 10min。

最后，卫星途经数据传输站时，将实验数据传输下来，进而完成实验。

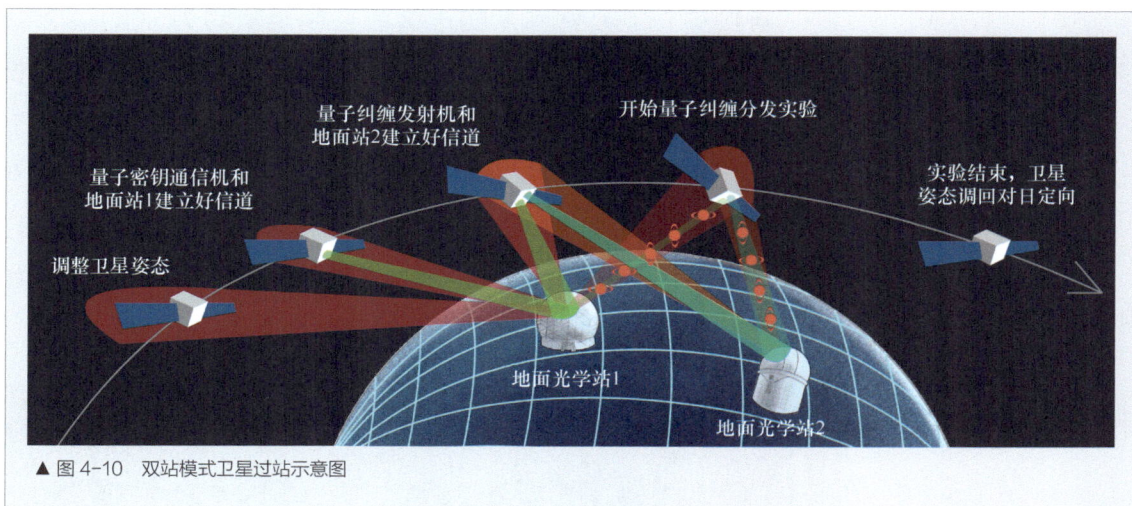

▲ 图 4-10　双站模式卫星过站示意图

4.1.4　望远镜口径最大的地面站：云南丽江站

在进行千公里级星地量子纠缠分发实验时，云南丽江站与青海德令哈站组对。

云南丽江站位于丽江市玉龙纳西族自治县太安乡高美古村的铁甲山巅的中国科学院云南天文台丽江天文地面站，其光学望远镜是由丽江天文地面站原有的1.8m口径望远镜改造而来的，该站也是5个地面站当中光学口径最大的地面站，如图4-11所示。当"墨子号"飞过青海德令哈站与云南丽江站之间时，可以在两个地面站之间进行星地量子纠缠分发实验。

◀ 图 4-11　位于铁甲山巅的云南丽江站

丽江天文地面站到丽江市区的直线距离约为 30km，海拔 3 200m，相对高度 800~1 000m，纬度在北纬 26°42′附近，属于低纬度天文地面站，该地区的年平均晴夜达 250 天。每年 10 月至春节期间，云南丽江站几乎夜夜晴天，星河璀璨，能见度极佳。由于没有人为光线和空气污染等干扰，加之天光背景暗弱，且大气较稀薄，丽江天文地面站成为国内很好的观测位置。云南丽江站夜间做实验的景象如图 4-12 所示。

▶ 图 4-12 云南丽江站夜间做实验的景象

从 1956 年开始，我国天文学家在南方广泛寻找建天文台的地址，历经 40 余年的筛选论证，终于在 2001 年正式建成丽江天文地面站。如今，丽江天文地面站形成了不同口径、不同学科目标、多台天文望远镜协同工作的局面，是我国南方最重要的天文观测基地。得益于低纬度，该站内的望远镜可以观测南半球的较大天区，弥补了我国其他天文台地面站的不足。从全球来看，同一经度附近的天文台地面站较少，该站在全球天文观测网和空间与地面的联合观测中的位置非常重要。

4.1.5 专门为量子隐形传态实验打造的地面站：西藏阿里站

西藏阿里站在 5 个地面站中海拔最高，达到了 5 100km，是绝佳的天文观测点，如图 4-13 所示。西藏阿里站有 3 台光学望远镜，用来增加上行量子信号的强度，如图 4-14 所示。因为西藏阿里站是唯一的量子隐形传态实验站，所以它的使命是将量子信号更多更好地送上卫星。

　　西藏阿里站位于中国科学院西藏阿里天文观测基地，地处"世界屋脊的屋脊"——青藏高原上阿里地区狮泉河镇南的东西向山脊头部，所在山顶宽阔平坦，是远离城市的"无人区"。

◀ 图 4-13　西藏阿里站

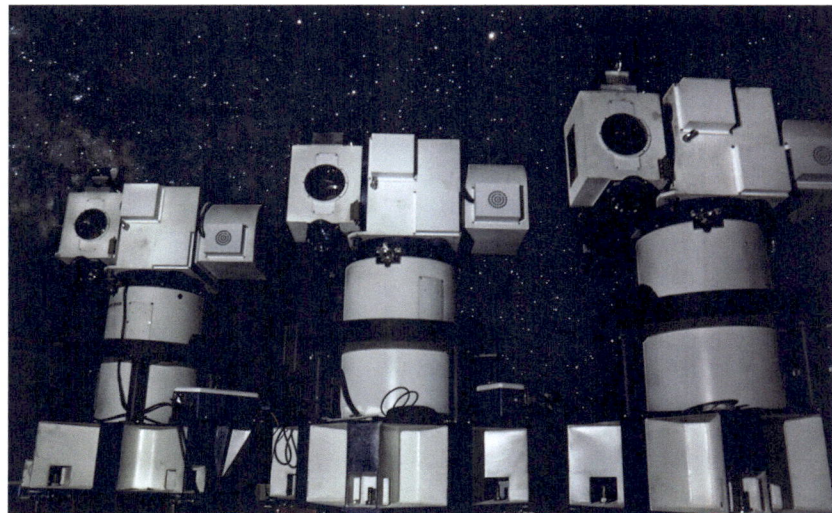

◀ 图 4-14　西藏阿里站的 3 台光学望远镜

　　这里是天文爱好者心中的"星星保护区"，有"暗夜公园"之称，因为远离城市光污染，且海拔高，空气稀薄，保留着清澈的夜空和浩瀚

▲ 图 4-15　西藏阿里站做实验的场景（感谢陈韬老师供图）

的星河。值得关注的是，其他一些地面站在最初选址时也有很好的实验条件，但随着城市发展，受到的灯光污染越来越严重，正在逐渐"失去"璀璨夜空。相比之下，西藏阿里天文观测基地这片纯净天空更显珍贵。

对西藏阿里站来说，因为它是唯一的量子隐形传态实验站，要向卫星发射纠缠量子，所以海拔高、光污染低、天空纯净的优点是非常有必要的。与卫星向地面站发射量子信号的传输过程正好相反，地面站发射出的光子要先通过地表大气，才能进入向太空远距离传输的阶段。因此，光子在地表大气中传输时，即使只是遇到细微的折射和损耗，也会在接下来的远距离传输中被高度放大。总体来说，量子隐形传态实验站的海拔越高、离卫星越近，纠缠光子对的损耗越少，实验效果越好。

此外，为了进一步保障地星量子隐形传态实验的成功，研究人员用增加光源的方式增强上行量子信号的强度，为西藏阿里站新建了 3 台口径为 18cm 的光学望远镜。当西藏阿里站配合"墨子号"做地星量子隐形传态实验时，3 台望远镜同时对准卫星发射量子信号，如图 4-15 所示，因为 3 台光学望远镜中有 2 台配备了信标光，所以图中对准"墨子号"的红色信标光有两条。

4.2 用量子卫星实现"信息理论安全"的远距离保密通信

通信安全是国家信息安全和人类经济社会生活的基本需求。千百年来，人们对于通信安全的追求从未停止。然而，基于计算复杂性的传统加密技术，在原理上存在着被破译的可能性，随着数学和计算能力的不断提升，经典密码被破译的可能性与日俱增。

与经典通信不同，量子密钥分发通过量子态的传输，使遥远两地的用户可以共享绝对安全的密钥，利用该密钥对信息进行一次一密的严格加密，这是目前人类唯一已知的不可窃听、不可破译的信息理论安全的通信方式。

然而，在光纤和近地面自由空间信道两种传输方式中，量子信号损耗都随着距离的增加而呈指数级增加，同时由于量子不可克隆原理，量子通信的信号不能像经典通信的信号那样被放大，这使得之前量子通信的世界纪录仅为百公里量级。根据数据测算，通过 1 200km 的光纤，即使有每秒百亿发射率的单光子源和完美的探测器，也需要数百万年才能建立一个比特的密钥。

实现安全、长距离、可实用化的量子保密通信是国际学术界几十年来奋斗的共同目标，而"墨子号"使这一目标成为现实。从全球首次千公里级星地量子密钥分发，到全球首次洲际量子保密视频通话，再到与"京沪干线"一起构建4 600km 的天地一体化量子通信网络雏形，如图 4-16 所示。天地一

▼ 图 4-16 天地一体化量子通信网络蓝图

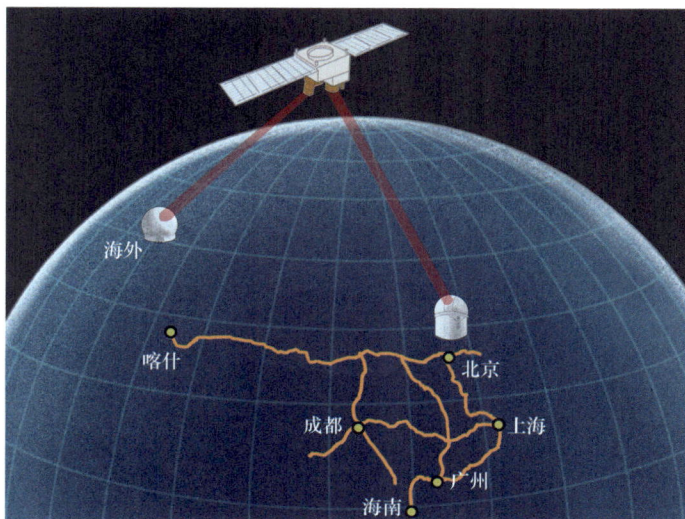

体化量子通信网络作为新一代国之重器已经构筑起通信安全的"铜墙铁壁"，为国防、金融、政务等的信息安全保驾护航。

4.2.1　全球首次千公里级星地量子密钥分发

在用量子卫星进行保密通信的实验中，全球首次千公里级星地量子密钥分发是基础，是首先要完成的目标。可以说这次实验的第一步是验证以量子卫星为可信中继进行长距离量子保密通信的可行性。其实验示意图如图 4-17 所示。

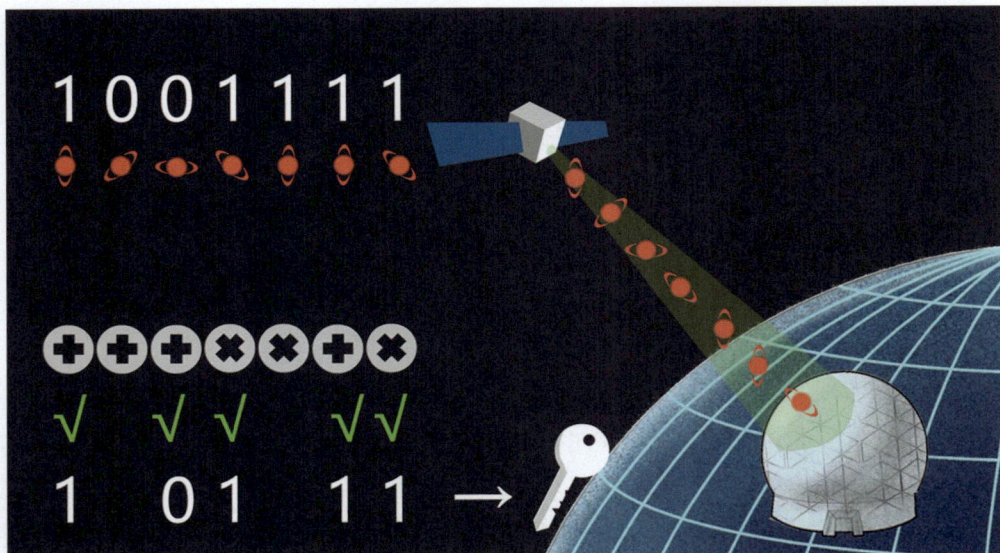

▲ 图 4-17　星地量子密钥分发实验示意图

2017 年 8 月 10 日，《自然》杂志发表了"墨子号"的两项重大突破，中国科学技术大学的潘建伟及其同事彭承志等组成的研究团队，联合中国科学院上海技术物理研究所王建宇研究组、中国科学院微小卫星创新研究院、中国科学院光电技术研究所、中国科学院国家天文台、中国科学院紫金山天文台、中国科学院南京天文仪器有限公司、中国科学院国家空间科学中心等，在中国科学院空间科学战略性先导科技专项的支持下，利用"墨子号"量子科学实验卫星，在国际上首次成功实现了从卫星到地面的量子密钥分发和从地面到卫星的量子隐形传态。《自然》杂志审稿人称赞"这些结果代表了远距离量子通信持续探索中的重大突破""这个目标非常新颖并极具挑战性，它代表了量子通信方案现实实现中的重大进步"。

至此，加上 2017 年 6 月 16 日发表在《科学》杂志上的全球首次千公里级星地双向量子纠缠分发和量子力学非定域性检验的研究成果，"墨子号"量子科学实验卫星提前圆满实现全部三大既定科学目标，为我国之后继续引领世界量子通信技术发展和空间尺度量子物理基本问题检验前沿研究奠定了坚实的科学与技术基础。

本节聚焦"墨子号"在量子保密通信方面做出的突出贡献，星地量子纠缠分发实验和地星量子隐形传态实验将在后文详叙。

星地高速量子密钥分发是"墨子号"量子科学实验卫星的科学目标之一。实验采用卫星发射量子信号、地面接收的方式，"墨子号"量子科学实验卫星过境时，与北京兴隆站建立光链路，通信距离为645~1 200km，如图 4-18 所示。在 1 200km 通信距离上，星地量子密钥的传输效率比在同等距离地面光纤信道上的传输效率高 20 个数量级（万亿亿倍）。卫星上量子诱骗态光源平均每秒发送 4 000 万个信号光子，一次过轨对接实验可生成 300kbit 的安全密钥，平均成码率可达 1.1kbit/s。

▲ 图 4-18 "墨子号"-北京兴隆站量子密钥分发实验现场图（感谢陈颖为老师供图）

这一重要成果为构建覆盖全球的量子保密通信网络奠定了可靠的技术基础。以星地高速量子密钥分发为基础，将卫星作为可信中继，可以实现地球上任意两点的密钥共享，将量子密钥分发范围扩展到全球。此外，将量子通信地面站与城际光纤量子保密通信网（如合肥量子通信网、济南量子通信网、京沪干线）互联，可以构建覆盖全球的天地一体化量子通信网络。

为此，《自然》杂志的审稿人称赞星地高速量子密钥分发成果是"令人钦佩的成就"和"本领域的一个里程碑"，并断言"它毫无疑问将引起量子信息、空间科学等领域的科学家和普通大众的高度兴趣，并引起公众媒体极为广泛的报道"。

4.2.2　世界首次洲际量子保密通信

跨越 7 600km，世界首次洲际量子保密视频通话不只连接了中国科学院和奥地利科学院两个国际顶尖的量子科学研究团队，也是东西方科学精神与文化上的交流碰撞。通过量子保密视频通话，两方交换了颇具象征意义的两张加密图片——中国古代哲学家、"科圣"墨子的画像和量子力学的开创者之一、曾获诺贝尔物理学奖的奥地利物理学家薛定谔的照片。

2018 年 1 月 19 日，国际权威学术期刊《物理评论快报》以封面论文的形式，发表了中国与奥地利科学家借助"墨子号"成功实施的世界首次洲际量子保密通信网络实验结果。"墨子号"与不同国家和地区的地面站之间实现成功对接，表明了通过"墨子号"与全球范围任意地点进行量子通信的可行性与普适性，并为形成卫星量子通信国际技术标准奠定了基础。

这项成果被选为《物理评论快报》编辑推荐文章，随后入选美国物理学会 2018 年度国际物理学十大进展。论文审稿人称赞，洲际量子保密通信网络实验是"重大技术成果"，任何不用卫星的方法（如正在发展的量子中继器）可能至少需要 10 年的时间才能接近这个实验的结果。美国物理学会下属"物理"网站以《卫星量子密码》为题报道了该成果，认为这项成果为建设基于卫星的全球"量子互联网"带来了好消息。

按照两国科学院2011年年底在北京签署的洲际量子通信合作协议，中奥联合团队利用"墨子号"于2017年9月29日开展了距离达7 600km的洲际量子密钥分发实验，如图4-19所示。在实验中，"墨子号"分别与北京兴隆站、乌鲁木齐南山站、奥地利格拉茨地面站进行了星地高速量子密钥分发，然后以卫星作为中继，建立了北京兴隆站与奥地利格拉茨地面站之间的共享密钥，实验中获取共享密钥数据量约800kbit。

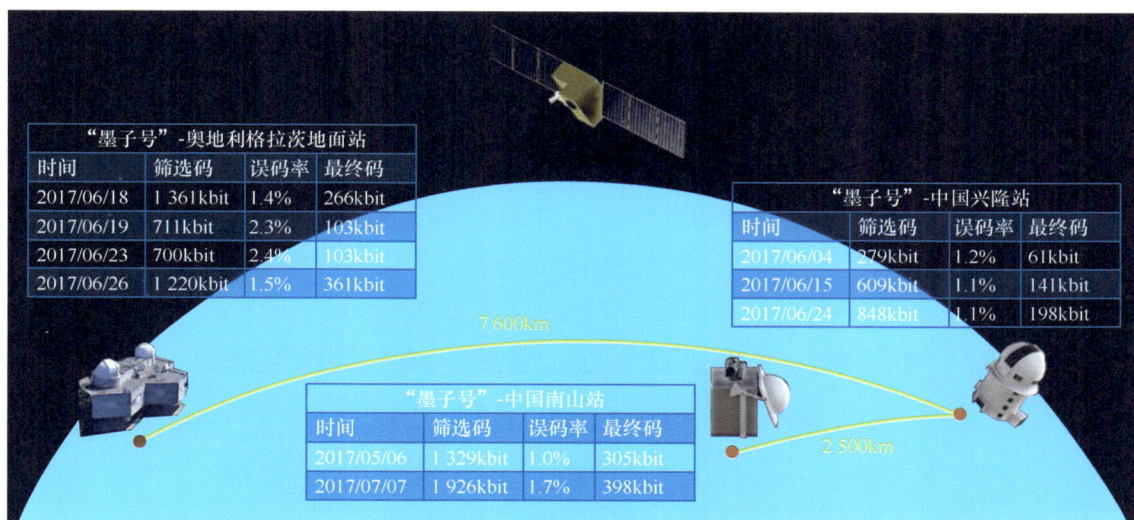

"墨子号"-奥地利格拉茨地面站			
时间	筛选码	误码率	最终码
2017/06/18	1 361kbit	1.4%	266kbit
2017/06/19	711kbit	2.3%	103kbit
2017/06/23	700kbit	2.4%	103kbit
2017/06/26	1 220kbit	1.5%	361kbit

"墨子号"-中国兴隆站			
时间	筛选码	误码率	最终码
2017/06/04	279kbit	1.2%	61kbit
2017/06/15	609kbit	1.1%	141kbit
2017/06/24	848kbit	1.1%	198kbit

7 600km

"墨子号"-中国南山站			
时间	筛选码	误码率	最终码
2017/05/06	1 329kbit	1.0%	305kbit
2017/07/07	1 926kbit	1.7%	398kbit

2 500km

▲ 图4-19 洲际量子保密通信示意图

基于共享密钥，采用一次一密的加密方式，中奥联合团队在北京到维也纳之间演示了图片加密传输。中国古代哲学家墨子和奥地利物理学家薛定谔的图像加密后被分别传送到维也纳和北京，如图4-20所示。

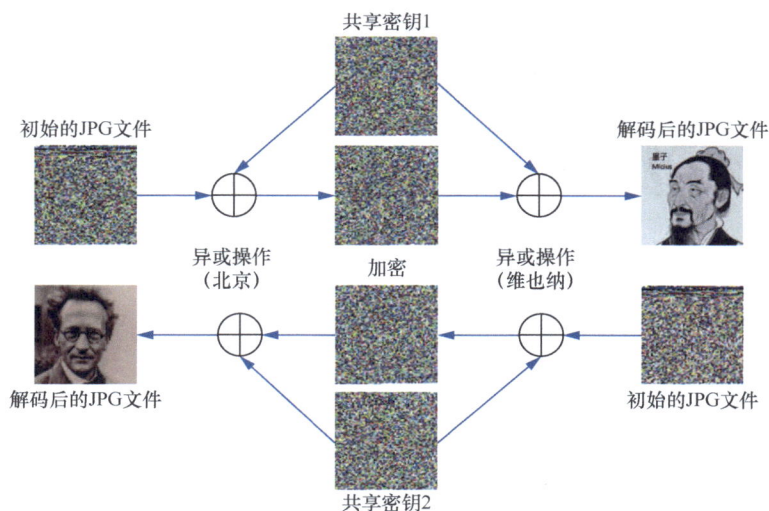

共享密钥1

初始的JPG文件

解码后的JPG文件

异或操作（北京）　加密　异或操作（维也纳）

解码后的JPG文件

初始的JPG文件

共享密钥2

◀ 图4-20 中奥图像加密传输示意图

结合高级加密标准 AES-128 协议，每秒更新一次种子密钥，中奥联合团队建立了一个北京到维也纳的加密视频通信系统，并利用该系统成功举行了两国科学院之间的 75min 洲际视频会议，中国科学院院长白春礼与奥地利科学院院长安东·蔡林格进行了世界首次洲际量子保密视频通话。在通话中，安东·蔡林格向中国科学家在量子通信领域取得的一系列卓越成果表示祝贺，也对进一步加强两国在量子领域的深度合作提出了希望。

此次成果由中国科学技术大学潘建伟团队，联合中国科学院上海技术物理研究所王建宇研究组、中国科学院微小卫星创新研究院、中国科学院光电技术研究所、中国科学院国家天文台、中国科学院国家空间科学中心等，与奥地利科学院安东·蔡林格研究组合作完成。

"墨子号"小故事："墨子号"与"京沪干线"的首次碰面

2017 年 9 月 29 日，这一天量子保密通信领域有两件大事同时发生——一个是前文介绍的全球首次洲际量子保密通信，另一个则是世界首条量子保密通信干线"京沪干线"正式开通。一天一地的首次对接，真正打通了天地一体化广域量子保密通信的链路，向接下来贯通跨越 4 600km 的天地一体化量子通信网络雏形，以及未来实现覆盖全球的量子保密通信网络迈出了坚实的一步。

当天，中国科学院院长白春礼通过"京沪干线"与安徽省省长李国英进行了通话，并向合肥、济南、上海、南山等地的科研人员代表表达了问候；同时，通过"墨子号"与奥地利科学院院长安东·蔡林格进行了世界首次洲际量子保密视频通话。

"京沪干线"项目在 2013 年 7 月由国家发展和改革委员会批复立项，由中国科学院统一领导，中国科学技术大学作为项目建设主体承担；由安徽省、山东省共同配套投资建设，并得到了上海市、北京市的大力支持，中国有线电视网络有限公司、山东信息通信技术研究院、中国科学技术大学先进技术研究院、中国银行业监督管理委员会等单位协作建设。整个项目建设周期 42 个月，2016 年年底完成了全线贯通和星地一体化对接，经过半年多的应用测试和长时间稳定性测试，于 2017 年 8 月底在合肥完成了全网技术验收。

"京沪干线"实现了连接北京、济南、合肥、上海的全长 2 000 余千米的量子通信骨干网络，全线路密钥率大于20kbit/s，可满足上万个用户的密钥分发业务需求，如图4-21所示。量子科学实验卫星北京兴隆站到北京接入站点全线密钥率大于5kbit/s，可满足基本数据通信需求。当时，在业务应用方面，"京沪干线"已实现北京、上海、济南、合肥、乌鲁木齐南山站和奥地利科学院6点间的洲际量子保密通信视频会议，交通银行京沪间远程企业网银用户的量子保密通信实时交易，中国工商银行网上银行京沪异地数据的量子加密传输和灾备，阿里征信数据的异地加密传输及量子加密流媒体视频点播等应用示范。

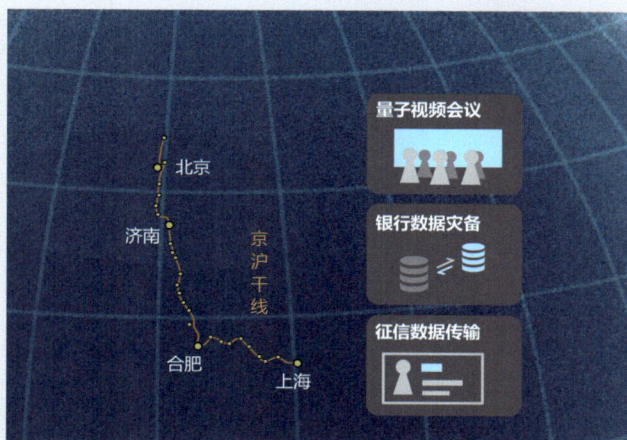

▲ 图4-21 "京沪干线"示意图

4.2.3 跨越4 600km的天地一体化量子通信网络

天地一体化量子通信网络是"墨子号"与"京沪干线"贯通的天地大演示，与2017年的首次短暂碰面不同，这个通信网络是世界上首个集成700多条地面光纤量子密钥分发链路和两个星地自由空间高速链路的广域量子通信网络，实现了地面跨度4 600km的天地一体的大范围、多用户量子保密密钥分发，并进行了两年多的稳定性和安全性测试、标准化研究及政务、金融、电力等不同领域的应用示范，成功验证构建天地一体化量子通信网络的可行性。

2021年1月7日，中国科学技术大学潘建伟及其同事陈宇翱、彭承志等与中国科学院上海技术物理研究所王建宇研究组、济南量子技术研究院及中国有线电视网络有限公司合作，在国际学术期刊《自然》上发表了题为《跨越 4 600km 的天地一体化量子通信网络》的论文，证明了广域量子保密通信技术在实际应用中的条件已初步成熟。

《自然》杂志审稿人评价称，这是地球上最大、最先进的量子密钥分发网络，是量子通信"巨大的工程性成就"。

该天地一体化量子通信网络通过"京沪干线"覆盖我国四省三市 32 个节点，包括北京、济南、合肥和上海 4 个量子城域网，同时通过"墨子号"连接西藏阿里站、云南丽江站、乌鲁木齐南山站和青海德令哈站 4 个地面站，而北京兴隆站在这之前已接入"京沪干线"，是"墨子号"与"京沪干线"的连接点，如图 4-22 所示。"4 600km"是因为这个网络通过京沪干线覆盖从北京到上海，光纤总长超过 2 000km，又通过卫星从北京兴隆站连到了乌鲁木齐南山站，横跨 2 600km 左右。中国科研人员通过构建天地一体化量子通信网络的雏形，为未来实现覆盖全球的量子保密通信网络奠定了科学与技术基础。

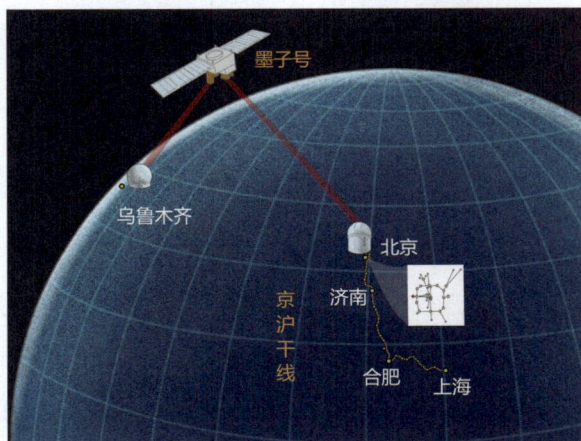

▶ 图 4-22　4 600km 天地一体化量子通信网络示意图

"京沪干线"建成后，开展了两年多的相关技术验证、应用示范和大量的稳定性测试、安全性测试及相关标准化研究，通过了光子数分离攻击、致盲攻击、时移攻击、波长依赖攻击和一些潜在的特洛伊木马攻击等安全性测试，结果表明"京沪干线"可以抵御目前所有已知的量子黑客攻击方案，同时"京沪干线"网络的密钥分发量可以支持 1.2 万以上用户同时使用。

　　该天地一体化量子通信网络已经接入金融、电力、政务等 150 多家行业用户。2019 年年初，国家电网有限公司基于该网络，建立了跨越 2 600km、从北京总公司至国家电网新疆电力有限公司的量子密钥分发信道，实现了电力通信数据加密传输，首次从工程上检验了星地量子通信开展实际业务的可行性。在天地一体化量子通信网络大量测试的结果及标准化研究的基础上，全球三大标准化组织之一国际标准化组织／国际电工委员会（ISO/IEC）正在基于"京沪干线"的实践编制国际标准《量子密钥分发的安全要求、测试与评估方法》，另一国际组织国际电信联盟（ITU）也正基于"京沪干线"的建设模式起草可信中继安全要求等国际标准，并已发布量子密钥分发（QKD）网络功能架构标准。

　　这项工作发展的相关技术也为量子通信系统小型化、低成本、国产化奠定了基础，研究人员不断探索将光学地面站做得小型化、可移动，以此实现卫星与地面更灵活、更高效的对接。团队成功研制了质量约百千克的小型地面站，实现了小型地面站与"墨子号"的星地量子密钥分发实验，并和国际多个地面站进行了星地量子密钥分发实验，未来小型地面站有望进一步做到可单人搬运。同时，在保证密钥分发速率的前提下，已经成功研制几十千克的小型空间量子密钥分发载荷，这些成果也为形成卫星量子通信国际技术标准奠定了基础。

4.3. 在星地尺度打破来自爱因斯坦的世纪质疑

　　量子力学建立初期，"纠缠"的现象引起了所有物理学家的好奇，被爱因斯坦称为"幽灵般的超距作用"。它是两个或多个粒子共同组成的量子状态，无论粒子之间相隔多远，测量其中一个粒子必然会影响其他粒子，这被称为量子力学非定域性。"上帝掷不掷骰子？""隐变量是否存在？"第1章讲到的那场物理学界"全明星"阵容大辩论，就是由量子纠缠引起的。直到贝尔不等式出现，爱因斯坦与玻尔两大阵营的思想交锋才转为实验量化验证。

　　一直以来，人们设计了各种实验方案验证贝尔不等式的破坏——即证明了量子力学的正确性。但是这些实验验证仍然存在漏洞，比如"局域性漏洞""自由选择漏洞""探测效率漏洞"和"局域塌缩漏洞"等。让这些漏洞完美关闭，最终实现一个无漏洞的贝尔不等式检验实验仍然是现在科学家努力追求的目标。

▲ 图4-23　千公里级星地量子纠缠分发实验荣登《科学》杂志封面

4.3.1　全球首次千公里级星地量子纠缠分发实验

　　全球首次千公里级星地量子纠缠分发实验是"墨子号"的第一个重大成果！比完成另外两个既定科学任务——千公里级星地高速量子密钥分发实验和地星量子隐形传态实验都要早一些。图4-23是"墨子号"这次实验荣登《科学》杂志封面。

　　2017年6月16日，《科学》杂志以封面论文的形式刊登了"墨子号"升空后的第一个成果——在国际上率先成功实现了千公里级的星地双向量子纠缠分发，并在此基础上实现了空间尺度下严格满足"爱因斯坦定域性条件"的量子力学非定域性检验，在空间量子物理研究方面取得了重大突破。

《科学》杂志审稿人称赞该成果是"兼具潜在实际现实应用和基础科学研究重要性的重大技术突破"，并断言"该成果绝对毫无疑问将在学术界和社会中产生非常巨大的影响"。

量子纠缠分发就是把制备好的两个纠缠粒子（通常为纠缠光子对）分别发送到相距很远的两个点，通过观察两个点的统计测量结果是否破坏贝尔不等式，可以验证量子力学非定域性的存在。

量子纠缠非常脆弱，会随着光子在光纤内或者地表大气中的传输距离的增加而衰减，以往的量子纠缠分发实验只停留在百公里级的距离。量子纠缠"幽灵般的超距作用"在更远的距离上是否仍然存在？会不会受到引力等其他因素的影响？这些基本物理问题的验证都需要实现千公里级甚至更远距离的纠缠分发。

同样重要的是，利用量子纠缠所建立起的量子信道，也是构建量子信息处理网络的基本单元。要实现广域的量子通信网络也自然要求远距离的纠缠分发。

在这次实验中，"墨子号"量子科学实验卫星过境时，同时与青海德令哈站和云南丽江站两个地面站建立光链路，量子纠缠光子对从卫星到两个地面站的距离平均达 2 000km，跟瞄精度达到 0.4μrad。卫星上的纠缠源载荷每秒产生 800 万对纠缠光子对，建立光链路可以以每秒 1 对光子对的速度在地面超过 1 200km 的两个站之间建立量子纠缠，该量子纠缠的传输衰减仅仅是同样长度地面光纤最低损耗的万亿分之一。

在关闭局域性漏洞和自由选择漏洞的条件下，获得的实验结果以 4 倍标准偏差违背了贝尔不等式，即在千公里级的空间尺度上实现了严格满足"爱因斯坦定域性条件"的量子力学非定域性检验。这一重要成果为未来开展大尺度量子网络和量子通信实验研究，以及开展外太空广义相对论、量子引力等物理学基本原理的实验检验奠定了可靠的技术基础。

该成果在中国科学院空间科学战略性先导科技专项的支持下，由中国科学技术大学潘建伟及其同事彭承志等组成的研究团队，联合中国科学院上海技术物理研究所王建宇研究组、中国科学院微小卫星创新研究院、中国科学院光电技术研究所、中国科学院国家天文台、中国科学院紫金山天文台、中国科学院国家空间科学中心等完成。

"墨子号"小故事：中国科学家团队首次斩获克利夫兰奖

2019年2月14日，美国科学促进会（AAAS）为"墨子号"科研团队授予2018年度克利夫兰奖，这是该奖项对中国科研团队在量子通信研究领域的肯定，一系列研究成果为下一代的互联网打下了基石，如图4-24所示。

▲ 图4-24　克利夫兰奖为团队每位科研人员颁发的奖章

值得一提的是，美国科学促进会设立克利夫兰奖已经90多年了，此次是来自中国的科学家团队首次获得这一重要荣誉。

促使中国科学技术大学潘建伟领军的"墨子号"科研团队获奖的，正是前文介绍的全球首次千公里级星地量子纠缠分发实验。作为美国历史最为悠久的科研奖项之一，克利夫兰奖每年都从刊登于《科学》杂志上的研究论文中，选出一项最具学术价值和影响力的成果授予该奖。印娟代表团队在美国接受了颁奖，如图4-25所示。

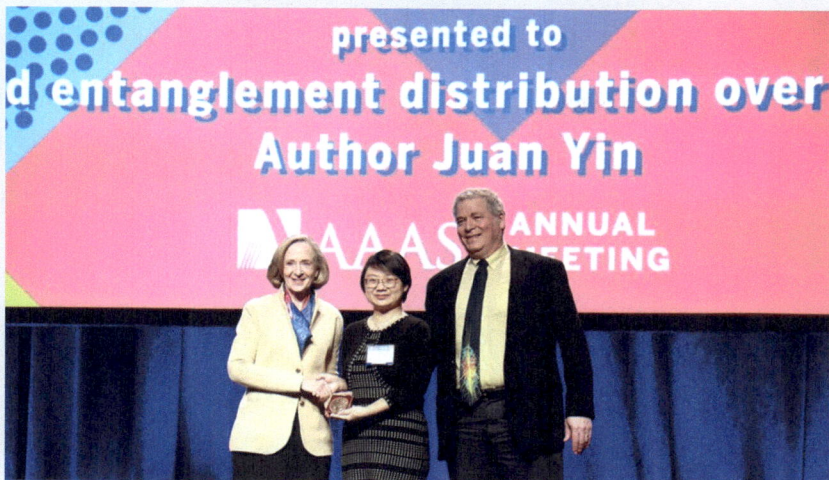

▲ 图 4-25　2018 年度克利夫兰奖颁奖现场（论文第一作者印娟代表团队领奖）

4.3.2　基于纠缠的无中继千公里级量子密钥分发

在完成了基于卫星的双站量子纠缠分发实验的基础上，"墨子号"的科研团队又进一步完成了基于纠缠的无中继千公里级量子密钥分发实验，今后即使卫星被他方控制，也不用担心信息泄露。

2020 年 6 月 15 日，《自然》杂志在线发表了题为《基于纠缠的千公里级安全量子加密》的研究论文，并为此发布了题为《基于卫星的远距离安全通信》的新闻稿加以推介。该实验成果不仅将以往地面无中继量子保密通信的空间距离提高了一个数量级，并且通过物理原理确保了即使在卫星被他方控制的极端情况下，量子通信依然是安全的，取得了量子通信现实应用的重要突破。

《自然》杂志审稿人称赞该工作"展示了一项开创性实验的结果""这是朝向构建全球化量子密钥分发网络甚至量子互联网的重要一步""不依赖可信中继的长距离纠缠量子密钥分发协议实验的实现是一个里程碑"。该研究成果是现实条件下实现安全、远距离量子保密通信的重要突破，如同沃尔夫物理学奖获得者、量子密码的提出者之一布拉萨德所指出的："这将最终实现所有密码学者千年来的梦想。"

基于"墨子号"量子科学实验卫星的前期实验工作和技术积累，研究团队通过对地面望远镜主光学系统和后光路系统进行升级，实现了单边双倍、双边四倍接收效率的提升。"墨子号"量子科学实验卫星过境时，同时与乌鲁木齐南山站和青海德令哈站两个地面站建立光链路，以每秒 2 对光子对的速度在地面距离超过 1 120km 的两个站之间建立量子纠缠，进而在有限码长下以

0.12bit/s 的最终码速率产生密钥，如图 4-26 所示。在实验中，科研人员通过对地面接收光路和单光子探测器等方面进行精心设计和防护，保证了公平采样和对所有已知侧信道的免疫，所生成的密钥不依赖可信中继，并确保了现实安全性。结合最新发展的量子纠缠源技术，未来卫星上每秒可产生 10 亿对纠缠光子对，最终密钥成码率将提高到每秒几十比特或单次过境几万比特。

▼ 图 4-26 基于纠缠的无中继千公里级量子密钥分发实验示意图

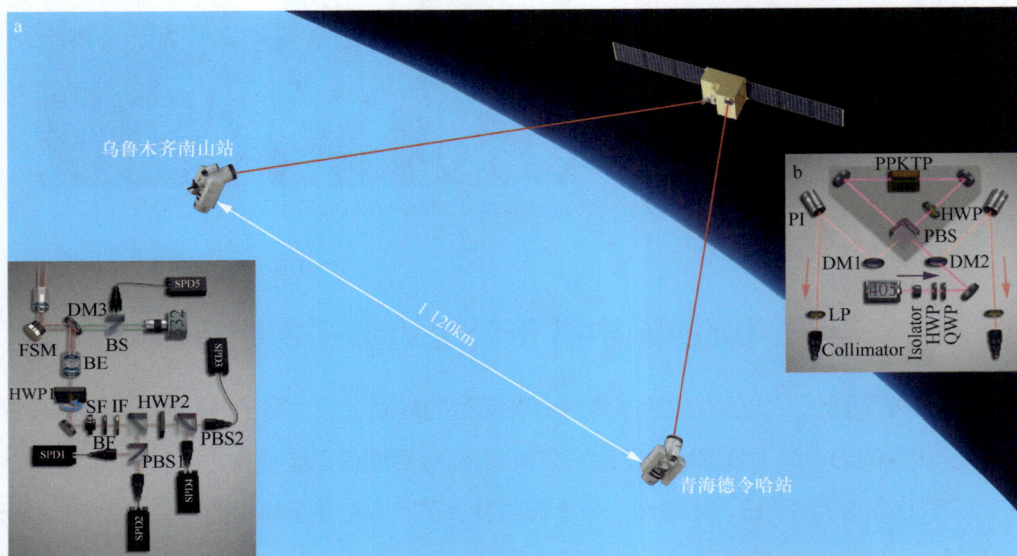

DM：分色片；FSM：快速振镜；BE：扩束镜；BS：分束器；HWP：半波片；
SF：空间滤波器；IF：相干滤波片；SPD：单光子探测器；BF：宽带滤波片；
PBS：偏振分束器；PPKTP：周期极化磷酸氧钛钾；PI：快反镜；LP：长通
滤波片；Collimator：准直器；Isolator：隔离器；QWP：1/4 波片

量子通信提供了一种原理上无条件安全的通信方式，但要从实验室走向广泛应用，需要解决两大挑战，分别是现实条件下的安全性问题和远距离传输问题。在现有技术水平下，使用可信中继可以有效拓展量子通信的距离，比如世界首条量子保密通信"京沪干线"通过 32 个中继节点，贯通了全长 2 000km 的城际光纤量子网络；再比如利用量子科学实验卫星"墨子号"作为中继，在自由空间信道进一步拓展到了 7 600km 的洲际通信距离。

然而，虽然可信中继将整条线路的安全风险限制在有限个中继节点范围，但中继节点的安全仍然需要得到人为保障。具体到星地量子密钥分发，不论是传统基于 BB84 协议的量子密钥分发实验，还是随后"小故事"介绍的初级版基于纠缠的量子密钥分发实验，"墨子号"作为可信中继都参与密钥生成，掌握密钥信息，如果被他方控制，就存在信息泄露的风险。

　　此次实验是基于纠缠的量子密钥分发，无论处于纠缠状态的粒子相隔多远，只要测量了其中一个粒子的状态，另一个粒子的状态也会相应确定，这一特性可以用来在遥远两地的用户间产生密钥。由于对粒子的测量局域地发生在用户端，纠缠源不掌握密钥的任何信息，即使纠缠源由不可信的他方提供，只要用户间能检测到量子纠缠，就可以产生安全的密钥。

　　这次实验由中国科学技术大学潘建伟及其同事彭承志、印娟等组成的研究团队，联合牛津大学的阿图尔·埃克特、中国科学院上海技术物理研究所王建宇团队、中国科学院微小卫星创新研究院、中国科学院光电技术研究所等相关团队完成。

"墨子号"小故事：从有中继到无中继，基于纠缠的量子密钥分发实验如何升级？

　　虽然利用量子中继实现远距离的量子纠缠分发在原理上可行，但实用化的量子中继还需要较长时间。利用卫星上的量子纠缠源，通过自由空间信道在遥远两地直接分发纠缠，为现有技术条件下实现基于纠缠的量子保密通信提供了可行的道路。特别是"墨子号"量子科学实验卫星在 2017 年首次实现千公里级的自由空间量子纠缠分发后，实现基于纠缠的远距离量子密钥分发就成为国际学术界热切期盼的目标。

　　基于纠缠的量子密钥分发实验初级版本（即有中继版本）是这样的："墨子号"产生纠缠光子对后，将其中一个纠缠光子在卫星上做测量，另一个发送到青海德令哈站，进行从卫星到地面的量子密钥分发，使用的是 BBM92 协议。

　　BBM92 协议被称为 BB84 协议的纠缠光子版本，由 BB84 协议的创始人贝内特、布拉萨德联合另一位科学家莫敏提出。BBM92协议将BB84协议中发送的单光子换成了纠缠光子对中的一个，同样采用BB84协议的比特定义和测量方式，发送者和接收者可以自由选择有两个测量光子偏振的基矢，分别是横竖基"✛"和对角基"✕"。在"✛"中，光子的偏振方向↕标记为0，偏振方向↔标记为1；在"✕"中，光子的偏振方向↗标记为0，偏振方向↖标记为1。只有卫星和地面站测量使用的基矢相同时，才会产生密钥，卫星和地面站只需要在经典信道互通各自使用的基矢，留下使用相同基矢测量的结果。

在这种情况下，如果纠缠光子对被窃听者拦截，接收者将接收不到该纠缠光子对，也就无法据此形成密钥。即使窃听者可以发送给接收方一个同样偏振的光子来伪装，该偏振光子与卫星上留存的另一个光子也并非纠缠状态，很容易被识破，接收者可以直接通过误码率来判断通信有没有被窃听。

具体实验由青海德令哈站配合"墨子号"完成。"墨子号"与青海德令哈站的距离从530km变成1 000km，对应的光学链路衰减从29dB变到36dB。在530~1 000km的整个距离中，量子密钥的最终平均成码率为3.5bit/s。这个实验成果为星地量子密钥分发开拓了新的方向，对单光子编码方式（诱骗态BB84协议）的星地高速量子密钥分发技术起到了补充作用。

前文所介绍的基于纠缠的无中继千公里级量子密钥分发是该实验的升级版本，进一步排除了可能影响通信安全的因素——让卫星不参与密钥生成，两个地面站利用纠缠态直接产生密钥，不需要卫星的中转。因此，量子通信源端带来的安全问题可以得到完全解决，进一步提高了量子通信的现实安全性。

4.4. 地星量子隐形传态向终极梦想进击

量子隐形传态利用量子纠缠可以将物质的未知量子态精确传送到遥远地点，而不用传送物质本身，是未来量子信息处理网络的基本单元。

不断拓展传输距离，是量子隐形传态的主要研究目标之一。沿着该方向，潘建伟团队于 2010 年、2012 年先后在八达岭长城、青海湖上空实现 16km、97km 量子隐形传态，保持着最远传输距离的世界纪录。

打破这些纪录的，依旧是量子科学领域的新星"墨子号"。它在成功实现千公里级地星量子隐形传态后，基于对星地上行链路的验证基础，向着物理学界的终极梦想进击，通过"墨子号"量子科学实验卫星完成引力诱导量子纠缠退相干理论检验，尝试探索量子力学与广义相对论的融合。

4.4.1 全球首次千公里级地星量子隐形传态

全球首次千公里级地星量子隐形传态：注意到没？"墨子号"三大科学任务中，另外两项都是"星地"，而我是"地星"，因为只有我是从地面站向"墨子号"发射量子信号，建立上行链路的。

地星量子隐形传态实验是"墨子号"量子科学实验卫星的科学目标之一。量子隐形传态采用地面发射纠缠光子对、天上接收的方式，"墨子号"量子科学实验卫星过境时，与海拔 5 100m 的西藏阿里站建立光链路。地面光源每秒产生 8 000 个量子隐形传态事例，地面向卫星发射纠缠光子对，实验通信距离从 500km 到 1 400km，所有 6 个待传送态均以大于 99.7% 的置信度超越经典极限，如图 4-27 和图 4-28 所示。

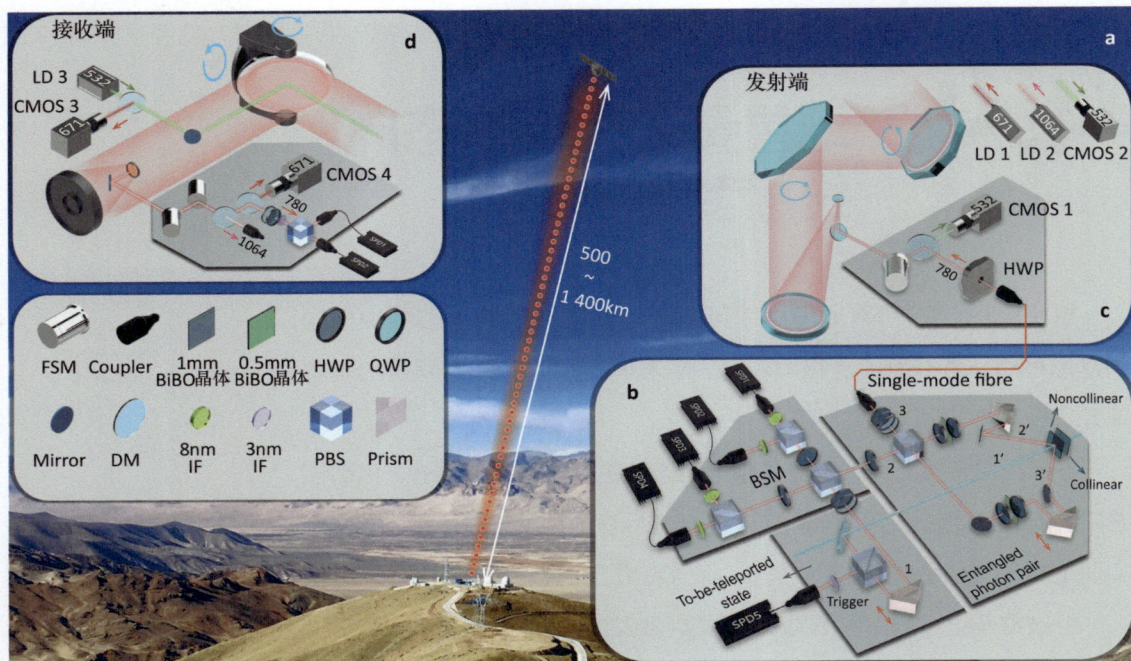

图中文字标注：

接收端

LD 3
CMOS 3
CMOS 4
671
780
1064
SPD2

发射端

LD 1　LD 2　CMOS 2
671　1064　532
CMOS 1
532
780
HWP

Single-mode fibre

FSM　Coupler　1mm BiBO晶体　0.5mm BiBO晶体　HWP　QWP

Mirror　DM　8nm IF　3nm IF　PBS　Prism

500 ~ 1 400km

SPD1
BSM
To-be-teleported state
Trigger
SPD5
Noncollinear
Collinear
Entangled photon pair

a　b　c　d

LD：激光二极管；CMOS：互补金属氧化物半导体相机；SPD：单光子探测器；FSM：快速振镜；Coupler：
耦合器；BiBO：硼酸铋；HWP：半波片；QWP：1/4 波片；Mirror：反射镜；DM：分色片；IF：相干滤波片；
PBS：偏振分束器；Prism：棱镜；BSM：贝尔态测量；Single-mode fibre：单模光纤；Noncollinear：非共线；
Collinear：共线；To-be-teleported state：待传态；Entangled photon pair：纠缠光子对

▲ 图 4-27　地星量子隐形传态实验示意图

▶ 图 4-28　"墨子号"-西藏阿里站量子隐形传态实验现场图

假设在同样长度的光纤中重复这一工作，需要 3 800 亿年才能观测到 1 个事例，而宇宙年龄大约是 138.2 亿年，这消耗的时间约为宇宙年龄的 27 倍。

2017 年 8 月 10 日，这一成果与全球首次干公里级星地量子密钥分发实验同时在线发表在国际权威学术期刊《自然》上，为未来开展空间尺度量子通信网络研究，以及空间量子物理学等研究奠定了可靠的技术基础。

4.4.2 用卫星探索量子力学和广义相对论的融合

2019 年 9 月 19 日，《科学》杂志在线发布了"墨子号"的又一项新成果，中国科学技术大学潘建伟及其同事彭承志、范靖云等与美国加州理工学院、澳大利亚昆士兰大学等单位的科研人员合作，利用"墨子号"量子科学实验卫星对一类预言"引力场诱导量子纠缠退相干"的理论模型进行了实验检验。这一成果入选中国科学技术部高技术研究发展中心发布的"2019 年度中国科学十大进展"。

量子力学和广义相对论是现代物理学的两大支柱，但任何试图将量子力学和广义相对论进行融合的理论工作都遇到极大困难。在广义相对论已知的 4 种基本相互作用中，电磁、弱相互作用和强相互作用都已量子化，唯有关于引力作用的量子化问题一直悬而未决。

作为建立 4 种基本相互作用大统一理论的关键，实现引力作用与量子力学的统一成为物理学界的终极梦想。遗憾的是，由于该研究方向对实验条件有着极端要求，虽然很多科学家做了大量尝试，提出各类理论模型，但都缺乏实验检验。

近年来，理论物理学家探讨了一些新理论，给目前条件下的实验验证带来曙光，比如澳大利亚物理学家拉夫等提出一个"事件形式"理论模型,探讨了引力可能导致的量子退相干效应。该方案预言,纠缠光子对在地球引力场中的传播,其关联性会概率性地受到损失。

该方案假设在地球表面制备一对纠缠光子对,其中一个光子在光源附近的地表传播,另一个光子穿过地球引力场传输到卫星。依据现有的量子力学理论,所有纠缠光子对将保持纠缠特性,而依据"事件形式"理论,纠缠光子对之间的关联性则会概率性地受到损失。

量子卫星正是检验这一理论的理想平台,在全球首次千公里级地星量子隐形传态实验中已经验证的上行链路正好派上用场。

得益于"墨子号"量子科学实验卫星的前期实验工作和技术积累,该研究在国际上率先在太空开展引力诱导量子纠缠退相干实验检验,对穿越地球引力场的量子纠缠光子对退相干情况展开测试。最终,通过一系列精巧的实验设计和理论分析,此次实验令人信服地排除了"事件形式"理论所预言的引力导致纠缠退相干现象。

在实验观测结果的基础上,该工作对之前的理论模型进行了修正和完善。修正后的理论表明,在"墨子号"现有 500km 的轨道高度下,纠缠退相干现象将表现得比较微弱。为了进一步进行确定性的验证,未来需要在更高轨道的实验平台开展研究。

这是国际上首次利用量子卫星在地球引力场中对尝试融合量子力学与广义相对论的理论进行实验检验,将极大地推动相关物理学基础理论和实验研究活动。进行该实验的西藏阿里站 3 台望远镜如图 4-29 所示。

对于不断攀登科学高峰的研究人员来说,试错与探索永无止境。"墨子号"排除了这一理论模型预言的退相干现象后,潘建伟教授总结道:"我们可以运用标准量子力学对于这一场景做出预测,但是对于可能的实验结果持开放态度。任何'意想不到'的结果都将预示我们对现有量子力学、引力理论的理解需要做出重大修正。虽然在这个实验里,在实验精度范围内没有出现'意想不到'，但是我们排除了一类引力引起的量子退相干模型。这是对于研究量子力学和引力理论关系的一个有积极意义的进展。"

◀ 图 4-29　西藏阿里站的 3 台望远镜

4.5. 利用卫星平台开展更多拓展研究

高精度时间传递是日常生活中导航、定位等应用的核心技术，在物理基本原理测试、原子钟比对、深空探索等方面都有着重大的技术推动意义。

一方面，随着计算机网络、金融交易市场、电力能源网络等系统的快速发展，时间传递的安全性越来越受关注，这些系统都需要统一的时间基准，如果它们受到数据篡改、信号欺骗等恶意攻击，其引起的时间错误将会导致网络崩溃、导航失准等重大事故。然而，现阶段广泛采用的卫星导航定位系统时间传递、光纤网络时间传递等主要时间传递技术方案均面临各种被攻击的潜在风险。研究人员希望用量子通信技术给安全时间传递带来新的解决方案——基于量子的"不可克隆"原理，以单光子量子态为载体的时间传递技术可以从根本上保证信号传输过程的安全性。

另一方面，超长距离高精度时频传递和比对仍是国际计量和精密测量急需解决的难题，星地传递方式被认为是解决该问题的最可行方案。

基于此，研究人员不断探索通过"墨子号"所构建的星地量子光学信道进行远距离时频传递研究，已经取得了量子安全时间传递的原理性实验验证和长距离大损耗自由空间高精度时间频率传递两大重要成果。

2020年5月11日，国际知名学术期刊《自然·物理》在线发表"墨子号"在国际上首次实现量子安全时间传递的原理性实验验证的成果，该实验的原理图如图4-30所示。该成果为未来构建安全的卫星导航系统奠定了基础，将极大地推动量子精密测量相关领域的研究和应用，被审稿人高度评价为"该实验在空间量子实验领域又一次超越了现有技术水平""这对于量子技术的实用化至关重要"。

潘建伟团队首次提出了基于双向自由空间量子密钥分发技术的量子

安全时间同步方案。在该方案中，单光子量子态同时作为时间传递和密钥分发的信号载体，进行时间同步和密钥生成。这个过程所生成的密钥用来加密经典时间数据，从而确保时间数据的安全传输。

基于"墨子号"量子科学实验卫星，潘建伟团队突破了星地单光子时间传递、高速率星地双向异步激光时间应答器等关键技术，实现了星地量子安全时间同步的技术验证，获得了30ps[3]精度的星地时间传递，此精度达到了星地激光时间传递的国际先进水平。

▼ 图 4-30　图 a 为基于卫星的量子安全时间传递示意图，图 b 为卫星收发器示意图，图 c 为地面收发器示意图

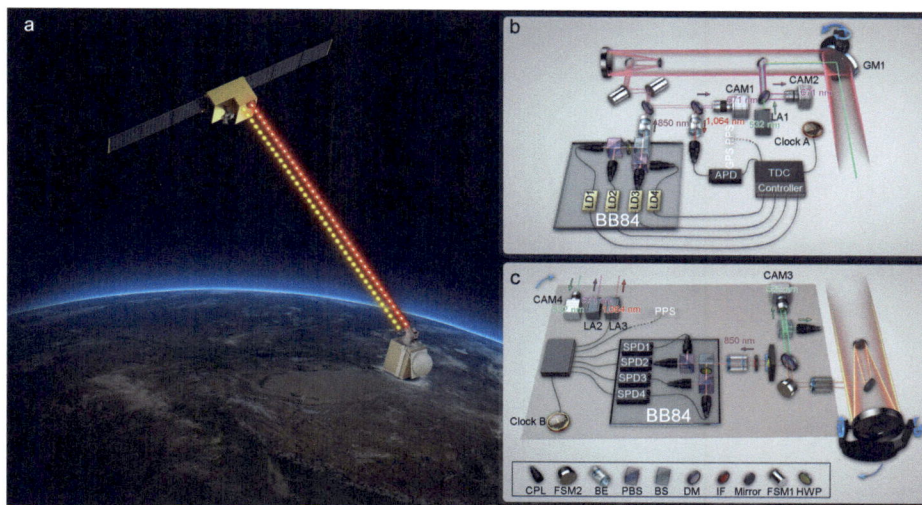

GM：摆镜；PPS：秒脉冲；Clock：时钟；APD：单光子探测器；Controller：控制器；LA：激光；LD：激光二极管；CAM：相机；CPL：光纤耦合器；TDC：时间数字转换器；SPD：单光子探测器

"墨子号"量子科学实验卫星已取得的一系列成果为中国乃至全世界量子物理领域的前沿研究奠定了坚实的科学与技术基础，它表明量子通信技术成熟到了足以实用的地步，这不是结束而是开始。如今"墨子号"依然在天上超期服役，作为空间量子科学实验平台为后续验证探索安全时频传输、对引力场中的量子效应探测等新技术提供了可能。

3　1ps=10⁻¹²s。

第 5 章

量子卫星未来时

5.1 备受关注的"墨子号"

从立项到成功完成世界上首次千公里级的量子纠缠分发等一系列重要实验，"墨子号"可以说是在党和国家的呵护下，用科研人员的汗水浇灌而成的。

2016 年 3 月，就在"墨子号"发射前几个月，习近平总书记在中国科学技术大学先进技术研究院考察时，到量子通信实验卫星总控中心和量子通信骨干网"京沪干线"总控中心了解量子通信网络建设、运行和应用情况。习近平总书记对量子通信研发工作给予肯定，说："很有前途，非常重要。"

2016 年 8 月 16 日凌晨，"墨子号"量子科学实验卫星在酒泉卫星发射中心成功发射升空。时任国务院副总理刘延东同志在北京航天飞行指挥控制中心通过视频全程观看了这次的发射活动，第一时间向量子科学实验卫星的全体参研人员表达了热烈祝贺。她强调，要认真贯彻落实全国科技创新大会精神，瞄准世界量子科学发展前沿，努力攻克核心关键技术，加快量子通信技术发展应用，为我国进入创新型国家行列、建设世界科技强国做贡献。

"墨子号"很荣幸地被纳入习近平总书记 2016 年 12 月 31 日发表的新年贺词中，总书记特别提到"墨子号"飞向太空等科技重大进展。2017 年 10 月，党的十九大报告中又提到"墨子号"升空："创新驱动发展战略大力实施，创新型国家建设成果丰硕，天宫、蛟龙、天眼、悟空、墨子、大飞机等重大科技成果相继问世。"

在 2021 年中国共产党成立 100 周年之际，中央党史和文献研究院编写《中国共产党一百年大事记》，以此纪念党的百年华诞，"墨子号"升空很荣幸地被纳入其中，记载在册。

"墨子号"成功发射当选中国科学院院士和中国工程院院士投票评

选的 2016 年中国十大科技进展新闻第一名。2017 年，"墨子号"首席科学家潘建伟院士入选《自然》杂志年度十大人物，"墨子号"常务副总设计师王建宇当选为中国科学院院士。因"墨子号"升空而带来巨大进展的"广域量子通信"项目研究团队获得 2019 年度中国科学院杰出科技成就奖。

由于"墨子号"量子科学实验卫星所取得的一系列具有开创性意义的工作，"墨子号"团队受邀为《现代物理评论》撰写了题为《基于"墨子号"卫星的空间量子实验》的长篇综述论文，如图 5-1 所示。该论文全面介绍了国际空间量子科学研究近 20 年来取得的成就，重点阐述了"墨子号"量子科学实验卫星从前期关键技术攻关，包括卫星系统、科学应用系统等六大系统的量子科学实验卫星的建设和研制，到卫星在轨运行后所取得的系统性科研成果，为国际学术界提供了宝贵的资料。《现代物理评论》是国际物理学界最权威的综述性期刊，每年仅发表约 40 篇学术论文。该期刊一般不接受自由投稿，主要是邀请在各领域卓有建树的物理学家执笔，旨在对当今物理研究的重大热点问题做历史总结、原理阐述、现状分析和趋向预测。

REVIEWS OF MODERN PHYSICS

Recent　　Accepted　　Authors　　Referees　　Search　　Press　　About　　Editorial Team

Featured in Physics

Micius quantum experiments in space

Chao-Yang Lu, Yuan Cao, Cheng-Zhi Peng, and Jian-Wei Pan
Rev. Mod. Phys. **94**, 035001 – Published 6 July 2022

Physics

◀ 图 5-1　《现代物理评论》杂志网页截图

可以说，"墨子""传信"寸积铢累，厚积薄发，交出了让世界瞩目的答卷。

5.2 量子国际前沿

"墨子号"的发射不仅在国内引起轰动，在国际上也引发了一股"量子"潮流。它的成功让全世界看到了量子卫星的更大可能，国际媒体与学术界都对此予以高度关注，美国、欧盟、日本等开始探索自己的广域量子通信之路，提出或加速了一系列空间量子科学布局，包括发射量子卫星、探索量子互联网等。

2021年6月，美国、英国、日本、加拿大、意大利、比利时和奥地利7国在G7峰会上达成合作，首次计划联合开发一个基于卫星的量子加密网络——"联邦量子系统"（FQS）。该系统基于英国初创公司Arqit为商业客户开发的一个系统而运行，利用量子技术来防范日益复杂的网络攻击，并计划于2023年发射第一颗FQS卫星，这是第一颗由世界多洲联合计划发射的量子卫星。其实，在"墨子号"成功发射之后，世界各国早已开始研发自己的量子卫星。

5.2.1 北美：美国领衔开展量子卫星战略布局

当前，以美国为代表的各国都在关注量子通信、量子计算及量子精密测量等领域的发展，美国启动了多项量子通信方面的相关研究计划。

2017年11月，美国国家航空航天局发布了关于未来空间基础量子物理发展方面的白皮书，致力于在量子相干与量子纠缠、量子精密测量、量子物质等领域实现突破，如图5-2所示。

2018年，美国能源部根据美国《国家量子倡议法案》推出一系列研究计划，包括开发量子计算机、设计算法，以及使用量子计算来模拟物理、化学和材料科学过程等。

Future Opportunities for Fundamental Quantum Physics in Space

NASA Fundamental Physical Sciences Standing Review Board

November 2017

◀ 图5-2 美国国家航空航天局发布的关于未来空间基础量子物理发展方面的白皮书

2020年，美国白宫网站发布《美国量子网络战略构想》，提出美国将开辟量子互联网，确保量子信息科学惠及大众。随后，美国国家航空航天局公开透露建造量子卫星链路的计划代号为"马可尼2.0"，考虑利用国际空间站或卫星，在欧洲和北美之间建立天基量子链路。

2021年8月，美国宣布为量子基础设施和研究项目提供6100万美元的资金，以推进量子信息科学研究。其中，2500万美元将用于创建量子互联网测试平台，包括基础模块、设备、协议和技术的开发；600万美元用于开发量子路由设备；3000万美元用于支持美国能源部的5个纳米科学研究中心。

2021年8月29日凌晨2点14分，由美国太空探索技术公司（SpaceX）研发的"猎鹰9号"运载火箭从肯尼迪航天中心升空，向国际空间站发送了3颗小型研究卫星，其中包括立方体卫星（简称立方星）CAPSat。CAPSat是一颗3U立方体卫星，质量约为2.8kg，由伊利诺伊大学航空航天工程系、伊利诺伊大学物理系和加拿大滑铁卢大学联合开发，展示了天基量子通信的实现技术。

小词条：U

"U"是一个单位，全称为unit，用以表示机架式服务器外部尺寸，一般用于电子、通信行业。详细尺寸由美国电子工业协会（EIA）决定。1U=1.75in=0.04445m=44.45mm，2U则是2倍的1U，为88.9mm。我们一般所说的"1U服务器"，指的是外形满足EIA规格、厚度为1U（即44.45mm）的产品。

美国正在创建一套辐射状的量子互联网，同时，美国非常重视量子计算机领域的技术拓展，谷歌、微软、IBM 都已投入研究量子计算机技术，计划以量子计算机技术研究为突破点，延伸到物质科学、生命科学、能源科学领域，形成规模优势。

加拿大也在积极推动量子科技前沿发展。加拿大国家航天局正在推进与滑铁卢大学的量子计算研究所（IQC）一起合作的"量子加密与科学卫星（QEYSSat）"任务，用以验证采用量子技术来保护商业和国家通信网络的可行性。

加拿大国家航天局还出资 3 000 万加元请霍尼韦尔公司负责 QEYSSat 设计与实施阶段的工作。作为国际公认的量子计算卓越中心，量子计算研究所代表加拿大政府的科学团队，并以该身份为 QEYSSat 提供科学支持。这颗卫星将形成一个天地链路，用以传输加密密钥。QEYSSat 将利用光学地面站接收量子密钥，对密钥进行核验后将其传输到另一个地面站。由于光纤传输限制在 200km 左右，因此这颗卫星将用于测试远距离量子密钥分发的能力。

同时，QEYSSat 任务工作小组还在与多伦多大学航空航天工程研究院的太空飞行实验室合作研制用于上行链路量子密钥分发可信节点接收器的 NEMO-150 微纳卫星，该卫星装有量子有效载荷接收器。

5.2.2　欧洲：各国联合攻关共建量子互联网

早在 2017 年 11 月，欧洲空间局就向欧盟委员会提交了《空间量子技术》战略报告，指出欧洲应在 5 年内发射商用低轨量子通信卫星，研发高轨卫星、低成本立方星和地面站，在量子通信、基于量子相干测量的时频传递与对地观测、基础量子物理实验等领域实现突破，如图 5-3 所示。

Quantum Technologies in Space

Intermediate Strategic Report for ESA
and national space agencies
November 2017

◀ 图 5-3 欧洲空间局发布《空间量子技术》白皮书

2018 年年初，欧盟又启动了总额超过 30 亿英镑的"量子技术旗舰项目"，计划在 2035 年左右形成泛欧量子安全互联网。同年 10 月，欧盟投资 10 亿欧元启动为期 10 年的量子技术旗舰计划，该计划涵盖 5 个领域：量子通信、量子计算、量子模拟、量子计量和传感及量子技术基础研究。

2019 年 4 月，欧盟委员会下属的通信网络、内容和技术总司与欧洲空间局签署了合作共建泛欧地面和天基量子通信基础设施的协议，预计总投资约 30 亿欧元。截至 2020 年年底，已有德国、法国、意大利等 25 个欧洲国家加入。同年 6 月，比利时、德国、意大利、卢森堡、马耳他、荷兰和西班牙这 7 个欧盟成员国同意共同探讨在未来 10 年如何开发和部署欧盟范围内的量子通信基础设施，以提高欧洲在量子技术方面的竞争能力。

2020 年 5 月，欧盟"欧洲量子技术旗舰计划"官网发布《战略研究议程 (SRA)》报告，计划启动建设覆盖欧盟 27 个成员国首都等主要城市的第一阶段泛欧量子通信基础设施。欧洲空间局正在联合英国有关企业共同投资研制商业量子卫星，计划于 2023 年左右投入使用。

现在，欧盟正在共同建设 EuroQCI——一个覆盖整个欧盟的安全量子通信基础设施。EuroQCI 由地面部分和空间部分组成。其中，地面部分由欧盟委员会协调，通过光纤通信网络连接国家和跨境战略站点；空间部分由欧洲航天局协调，基于卫星连接整个欧盟和全球的国家量子通信网络。EuroQCI 已于 2019 年 6 月启动，其目标是到 2027 年实现全面运作。

除了欧盟的"整体行动"，欧洲很多国家、大学和企业也在推进各自的量子通信技术发展计划。

早在 2018 年，英国科研团队就提出了 QuArC 和 ROKS 计划，计划实现 6U 尺寸卫星的量子密钥分发。英国正在建设英国国家量子通信网络，已经建成连接布里斯托尔、剑桥、南安普敦和伦敦大学学院的干线网络，并于 2018 年 6 月扩展到英国国家物理实验室和英国电信公司 Adastral Park 研发中心。此外，英国和新加坡正在联合建立基于立方卫星的量子加密卫星链路。英国量子加密技术公司 Arqit 已与英国政府、英国电信和维珍轨道公司合作，计划于 2023 年发射两颗量子卫星，有望实现星地实验。

2021 年，奥地利安东·蔡林格团队利用拉帕尔马岛和特内里费岛两个加那利群岛岛屿之间的光学自由空间链路，根据"墨子号"星地双链路的特点，提出基于纠缠源参数优化的星地纠缠量子密钥分发策略，并在 143km 水平链路进行了演示验证，如图 5-4 所示。

2021 年 5 月，西班牙卫星电信运营商 Sateliot 与十几家公司和西班牙国防部合作提出部署一个低地球轨道（LEO）微纳卫星星座，该星座提供 5G 覆盖和安全的量子密钥信息交换系统，使用 QKD（量子密钥分发）技术实现安全的信息通信；同时希望通过该星座将西班牙定位为 5G IoT（物联网）星座和全球信息安全的世界参考国，从而使西班牙工业部门能够优先实现数字化。

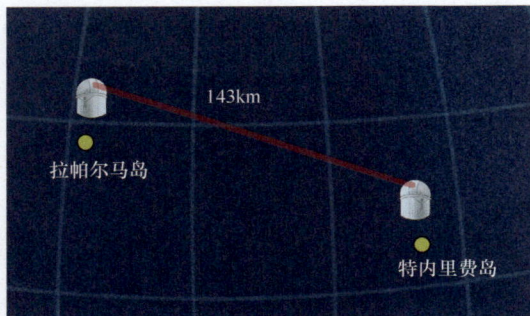

▲ 图 5-4　奥地利在 143km 水平链路验证星地纠缠

小词条：微纳卫星

　　微纳卫星（NanoSat）通常指质量小于 10kg、具有实际使用功能的卫星。微纳卫星的优势有体积小、功耗低、开发周期短、可编队组网、完成复杂的空间任务成本更低等，主要应用于通信、军事、地质勘探、环境与灾害监测、交通运输、气象服务、科学实验、深空探测等领域。

　　实际上，微纳量子通信卫星已经成为各国研究的热点，除了西班牙正在部署微纳卫星星座，欧洲很多国家也在布局微纳量子卫星计划。

比如，英国、德国、荷兰、意大利、新加坡、奥地利 6 国参与了国际空间站部署的 CubeSat 平台的量子通信（CQuCoM）任务。

CQuCoM 任务意图在低成本和短开发时间的基础上实现量子信号从轨道源传输到地面接收器，其目标是执行量子密钥分发并在空间和地面之间建立纠缠。该任务还将代表微纳卫星能力的飞跃，特别是在指向和进行基础物理实验方面。CQuCoM 任务将成为先进微纳卫星有效载荷和操作的探路者，并为低轨卫星可信节点 QKD 提供基础服务。

法国和奥地利的科研团队正在进行一个在上行链路配置中的量子通信实验任务 NanoBob。NanoBob 是欧洲航天局的任务，其目标是研制量子通信卫星接收端，重点是纠缠光子对与立方星的使用。

NanoBob 接收器体积只有 12U，证明了接收器模块小型化（体积和功耗）的可行性，有望显著降低未来量子空间任务的开发时间和成本，并为使用相对廉价的卫星群实现全球覆盖和低时延开辟道路。

此外，法国和奥地利的科研团队还在做一个 3U 立方星的研发，他们优化了 CubeSat 产生安全密钥的速率。这个 3U 立方星质量为 4kg，电池容量为 60Wh。卫星在观测系统视线范围内的时间最长可达 11min，其中最多 220s 可用来生成密钥。

5.2.3　亚洲：日本紧跟大势奋力追赶

2017 年 7 月，日本信息通信研究机构用超小型卫星 SOCRATES 进行量子通信实验，引起了业内的广泛关注。日本研究团队在卫星和位于东京都小金井市的一个地面站之间成功进行了单光子单位的信息传送。SOCRATES 卫星只有 50kg，搭载一个质量为 6kg 的小型量子通信传输装置，在距离地球 600km 的轨道上以 7km/s 的速度高速移动，并以 1Mbit/s 的速率向地面站发送光信号，地面站一边接收光子对，一边将信号复原。

此项实验证明了原本需要大型卫星的量子通信也可以用更低成本的小型卫星来实现。此外，日本计划在 2020—2030 年建成"绝对安全保密"

的高速量子通信网，到 2040 年建成极限容量、"无条件安全"的广域光纤与自由空间量子通信网络。

2019 年 6 月 17 日，新加坡国立大学量子技术中心领导的科研团队研发的 SpooQy-1 卫星从国际空间站发射进入太空。SPooQy-1 卫星主要开展纠缠光子对产生和探测验证等工作，如图 5-5 所示。

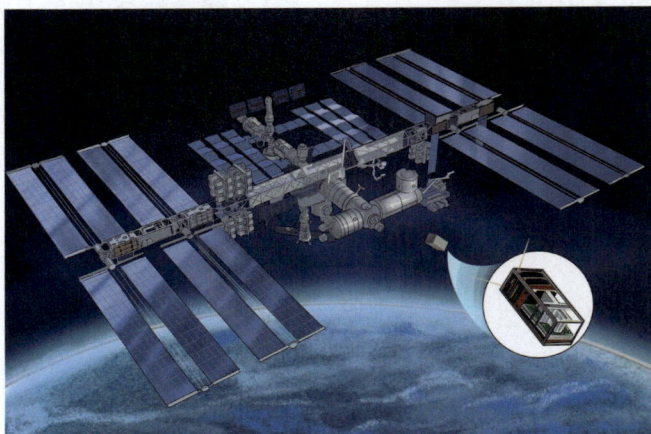

► 图 5-5　新加坡 SpooQy-1 卫星与纠缠源

SpooQy-1 卫星的尺寸为 10cm×10cm×30cm，体积比鞋盒还要小，质量不到 2.6kg，虽然还未产生量子密码，但这种小体积、低能耗、低成本的设备极具吸引力。2020 年，该卫星的科研团队正在与英国的 RALSpace 合作，计划设计和制造一颗类似于 SpooQy-1 卫星的量子微纳卫星，该卫星具有将纠缠的光子从太空发射到地面接收器所需的功能。

此外，印度也在 2020 年 2 月推出了建设量子信息 5 年规划，涉及 11.2 亿美元的资金投入。

5.3 中国：计划用"量子星座"覆盖地球

"墨子号"是世界上第一颗、也是目前唯一在轨运行的量子卫星，但不会是最后一颗。"墨子号"无法单枪匹马完成很多重要科研验证，后续我们如何进一步完成覆盖全球的量子通信任务？

研究人员想出两种办法，一种是以数量取胜——发射多颗低轨小型卫星，另一种是以"高度"取胜——发射高轨卫星。

2018 年，我国的量子卫星群计划已经提上日程，计划在 5~10 年发射若干低轨和中高轨量子科学实验卫星，构建覆盖整个地球的"量子星座"，如图 5-6 所示。一方面是立足当下，加速量子通信实用化进程；另一方面是放眼未来，探索更具颠覆性的前沿领域。我国是国际上率先开展下一代空间量子科学实验研究的国家，未来也将继续保持和扩大我国在该领域的领先地位，如图 5-7 所示。

▼ 图 5-6 天地一体化量子通信网络示意图

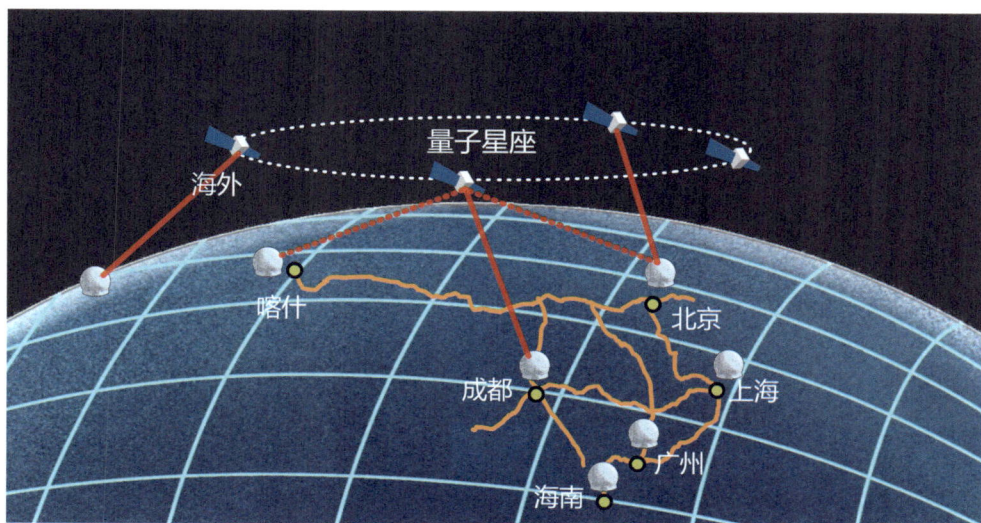

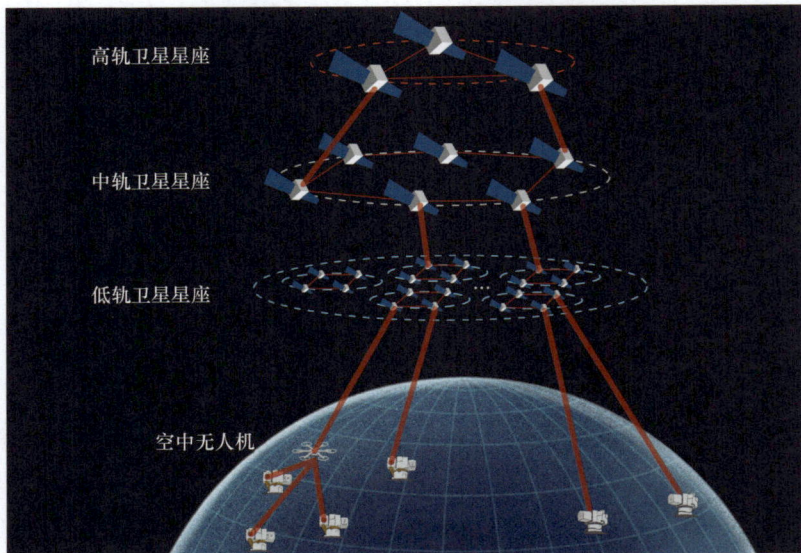

▶ 图 5-7 未来信息网络蓝图：
地面光纤网络 + 低轨卫星星座 +
中高轨卫星星座

5.3.1 实用化低轨微纳量子卫星

早在 2018 年 2 月，在合肥召开的中国科学院量子信息与量子科技创新研究院年度工作会议上，潘建伟院士在工作报告中就提出：未来 5 年，中国将发射多颗微纳量子卫星。2020 年 6 月，由济南量子技术研究院组织的"基于微纳卫星量子通信终端研制"项目通过专家论证。

从名字就可以看出来，微纳卫星的体积比普通卫星小，相应地，它也具有一定的优势，如功耗低、开发周期短、可编队组网、能以更低的成本完成很多复杂的空间任务，为空间量子通信的规模化、商业化应用奠定基础。

我国计划发射的微纳量子卫星，它的质量约为 100kg，其光源脉冲重复频率为 625MHz，与"墨子号"的质量约为 600kg、光源脉冲重复频率为 100MHz 相比，相当于用 1/6 的质量实现了超过 6 倍的效率，大幅降低量子通信卫星的研制和发射成本，如图 5-8 所示。根据研究人员的计划，发射 3~5 颗微纳量子卫星，建设初期空间量子通信网络就能服务 100 个用户，每个用户每周可以更新大于 10kbit 密钥，每次更新密钥的成本在千元量级，从而实现低成本的高频率密钥更新，提高安全等级。

墨子号　　　　　　　　微纳量子卫星

vs

- 质量：约600kg
- 光源脉冲重复频率：100MHz
- 测控通道进行密钥提取（大于48h）

- 质量：约100kg
- 光源脉冲重复频率：625MHz
- 基于激光通信的实时密钥提取

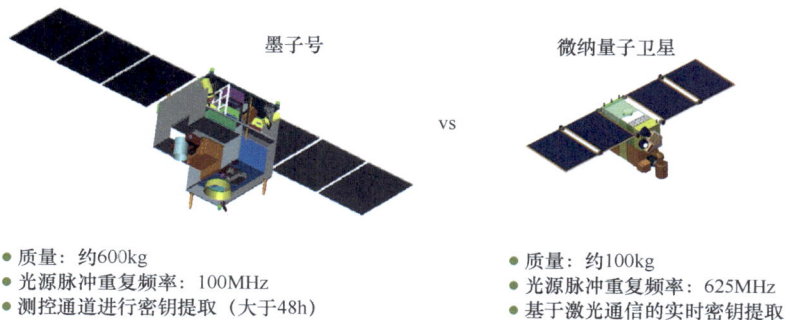

◀ 图 5-8 "墨子号"与微纳量子卫星

微纳量子卫星还具备一项"超能力"——实时提取密钥。

让我们一起回忆一下"墨子号"提取密钥的过程，由于卫星和地面站不能直接进行经典信道的传输，所以"墨子号"得飞到位于西安的卫星测控中心或位于上海的中国科学院空间中心地面站时才能用微波传输的方式完成密钥提取，一般需要 48h。研究人员将利用激光通信与量子通信相融合的技术，让卫星不必再经历密钥分发和密钥提取两个分开的过程，而是可以实时提取密钥。

卫星升级了，地面站也没有落后。微纳量子卫星配合的不再只是北京兴隆站、青海德令哈站、新疆乌鲁木齐南山站、云南丽江站和西藏阿里站，地面站的"好搭档"——轻量化、可搬运的地面接收系统也闪亮登场。原本地面站的核心设备望远镜高 4m、宽 3m、质量约 13 000kg，现在的小型化、可移动量子卫星地面站的核心设备望远镜在原"墨子号"地面站基础上设计改造而成，高只有 1.5m、宽 0.5m、质量约 100kg，研究人员可以把望远镜设置到任意地方，将其放在滑轮推车上搬走即可轻松转换场地，还能适应城市背景光，如图 5-9 所示。

▼ 图 5-9 地面站原本的望远镜和现在可移动的轻量化望远镜

墨子号地面站望远镜
- 有效口径：1 200mm
- 质量：约13 000kg
- 成本：千万元量级
- 放置：专门的圆顶观测楼

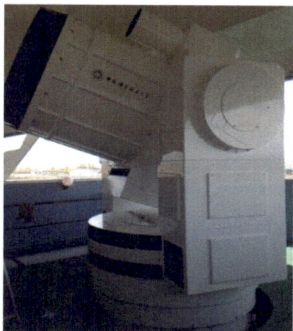

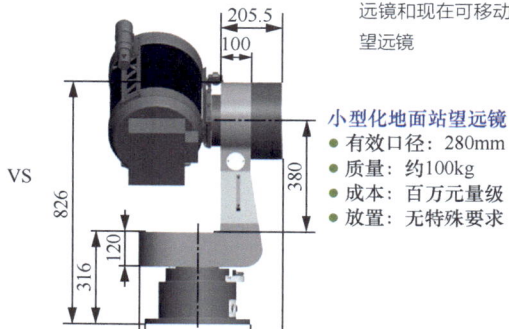

vs

小型化地面站望远镜
- 有效口径：280mm
- 质量：约100kg
- 成本：百万元量级
- 放置：无特殊要求

在中国科学院下一代空间量子科学实验项目中，实时星地量子密钥分发实验研究任务正在进行。任务包括研制微纳量子卫星、小型化量子通信地面站，构建量子密钥分发网络，并开展应用演示。小型化、轻量化的卫星载荷搭配轻量化、可搬运的地面接收系统，将大幅降低量子通信卫星的研制和发射成本，为将来卫星量子通信的规模化、商业化应用奠定基础。

5.3.2　多功能中高轨量子卫星

"墨子号"量子科学实验卫星成功发射并取得了一系列国际领先科研成果，但面向"构建全球范围的广域量子保密通信网络体系"这一终极目标，"墨子号"仍存在一些局限性。科研团队计划提升轨道高度，研制和发射中高轨量子科学卫星，与地面光学站建立量子信道并实现和经典通信网络的无缝衔接，为建立大空域、长时间覆盖的全球量子保密通信网络奠定基础。所发展的空间量子通信技术可应用于空间光频标和高精度时频传递，还将推动建立下一代"秒"定义。

想要解决问题，首先要正视问题。目前，我们已经知道低轨量子卫星还存在着一些局限性：覆盖范围较小，过境时长较短，只能在夜晚工作及时效性差。相应地，在中高轨量子卫星的研制过程中，研究人员必须在这几个方面有所突破。

随着卫星轨道的升高，覆盖范围小和过境时间短这两个问题就迎刃而解了。想象一下太阳、地球、卫星每天的位置变化，卫星离地球越远，能覆盖地球的范围就越广，与地面目标通信的时间就越长。如果卫星在高度约 36 000km 的地球同步轨道上运行，覆盖地球的范围将提升到万公里级。当卫星和地面站均在阳照区时，在卫星与地面站之间建立的高精度量子信道基础上，可以实现卫星与地面站之间的万公里级全天时量子密钥分发实验，在此基础上将卫星作为可信中继，就可以实现地球上任意两点的密钥共享，为建立基于中高轨卫星的全球量子通信网络打下技术基础，如图 5-10 所示。

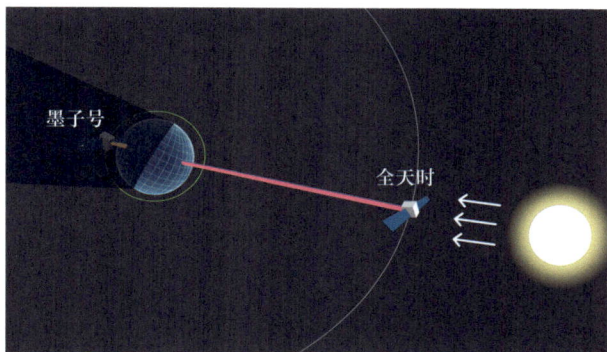

◀ 图 5-10　全天时量子密钥分发实验

相比于低轨量子卫星可以同时满足几百个用户的日常需求，高轨量子卫星则具有持续不间断地对同一个地方进行长达几小时甚至是接近全天覆盖的能力。尤其是在一些比较重要、加密通信需求较大的区域，可以利用中高轨量子卫星对其进行全时段的密钥服务，与低轨卫星进行互补，提供更优的技术服务。

解决了覆盖范围小和过境时间短这两个问题，量子卫星仍然面临着一个严峻的问题——太阳光。

前面我们说过，"墨子号"是个名副其实的"夜猫子"，只能在黑夜里工作。研究人员将包括太阳光在内的各种环境中的光看作空间量子通信过程中的"背景噪声"，白天的背景噪声比夜晚的背景噪声大 6 个数量级。按照现在 500km 的轨道高度，每天有 30% 的时间"墨子号"会被地球的影子盖住，不会被太阳光照射到。然而一旦进入地球同步轨道，卫星每天待在地球影子里的时间将不到 1%，因此中高轨量子卫星必须"不怕晒"。

在实验过程中，研究人员发现了一种特别的光子，它在白天冲出背景噪声的效果远好于以前实验中用到的常规光子。这种光子的特别之处在于波长，它的波长为 1 550nm，以前实验中用到的常规光子波长在 800nm 附近，两者都属于看不见的红外线。[4]

波长为 1 550nm 的光子效果更好，是因为太阳虽然发出各种波长

4　当太阳光穿过三棱镜时会色散为各种颜色的光，其中人眼能看到的光中紫色光波长最短，红色光波长最长。红色光之外还有很多人眼看不到的红外线需要用专门的成像仪才能看到，红外线的波长比红色光的波长还要长，为 770nm~1mm。

的光，但是有些波段的光子多一些，有些波段的光子少一些，如图 5-11
所示。波长为 800nm 附近的光子很多，大气对光子的散射很厉害，产
生的干扰噪声较多。波长为 1 550nm 附近的光子较少，大气对光子的
散射也小，产生的干扰噪声相对也就比较少。

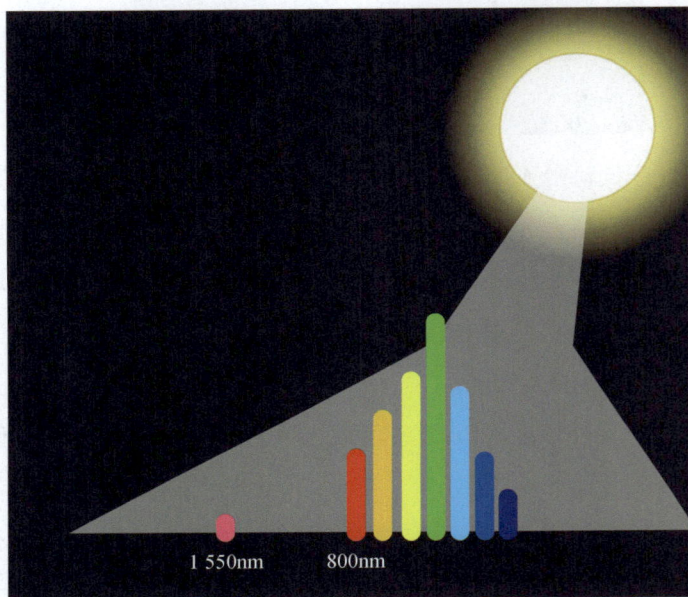

▶ 图 5-11 光谱照度与波长关系图

除此之外，研究人员还使用了光谱滤波和空间滤波两种方法来进一
步减少背景噪声的干扰，光谱滤波可以拦住其他波长的光子，空间滤波
意在减小接收光子的空间范围。

低轨量子卫星的局限性解决了，中高轨量子卫星要面临的难题还不少呢！

随着卫星进入更高轨道领域，相应的技术服务也亟待升级。相比于
低轨量子卫星，中高轨量子卫星运行信道更长，因此信道衰减也会更大，
就会导致原来用于"墨子号"的纠缠源和 QKD 源的亮度都不够，所以
要发展新的更高亮度的量子光源。另外，中高轨距离地球更远。我们都
知道，在相同的角度下，距离越远，偏差越大。这样一来，原本用于"墨
子号"的跟瞄技术就不足以支撑中高轨量子卫星的发展了，科研团队还
需要发展更精确的跟瞄技术。

我国正在立项"中高轨量子卫星"项目，计划利用 5 年左右的时间

完成中高轨量子卫星的量子通信科学载荷及科学应用系统的研制。

　　该卫星的研究目标有两个。第一个是深耕量子卫星的擅长领域，进行万公里级全天时量子密钥分发和量子纠缠分发，进而构建覆盖全球、全天时服务的空间量子通信骨干网。第二个则是开辟与空间量子光学工程融合的新领域，将空间量子通信技术应用于空间光频标和空间高精度时频传递，支持空间光晶格钟的研发，推动建立下一代"秒"定义，如图 5-12 所示。我们将在下一节中对此部分内容进行详细解释。

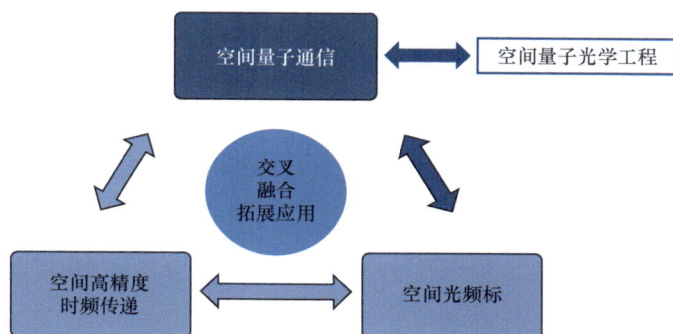

◀ 图 5-12　空间量子通信和空间量子光学工程的交互

5.4 面向更广阔的未来

　　我国的量子卫星在探索前沿科学的路上永无止境。基于空间量子通信的领先，我们可以拓展更大的物理空间，通过量子卫星和地面站的对接，科研人员把实验室"搬进太空"，给未来空间的基础科学研究提供一个非常好的平台。

　　比如，可以探索广义相对论与量子力学融合。在"墨子号"发射后，科研人员第一次利用量子卫星在地球引力场中，对尝试融合广义相对论和量子力学的模型进行检验，检验了"事件形式"模型的参数，排除了"事件形式"理论预言的引力导致纠缠退相干现象。他们还把量子密钥分发和时间频率的传递结合，进行广域高精度时频传递，这将支持空间光晶格钟的研发，提升大地重力势测量、基础理论检验、国际基本计量单位传递能力。

　　我们将在这一节对时频传递、空间光晶格钟这些科幻色彩十足的研究做简要介绍。

5.4.1　广域高精度光频标

　　时间是七大基本物理量之一，也是目前测量最精确的物理量。钟表是人们日常生活中离不开的计时设备，石英钟、机械钟、原子钟……，计时设备精准度的一步步提升见证了物理学界对度量时间的长久追求。

　　原子钟是目前最精确的时间和频率标准，用于标准时间的确定、卫星定位等。原子钟通过原子中的电子在改变能量状态时发出的电磁波的频率来给出时间标准。这个电磁波的频率叫作"跃迁频率"，就是这两个电子能级状态的能量差除以普朗克常量。频率是单位时间的振动次数，频率的倒数是振动的周期。

光晶格原子钟可以精确到每 3 亿年只有 1s 误差，其精确度的关键在于原子基态的两个超精细能阶间跃迁，如图 5-13 所示。

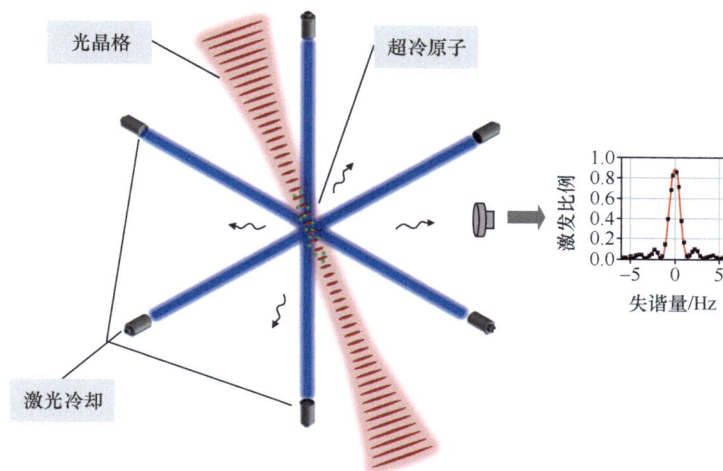

◀ 图 5-13　光晶格原子钟

2018 年 11 月 13 日，在法国巴黎召开的第 26 届国际计量大会 (CGPM) 上，科学家们达成了一项重要决议，即通过量子物理学中的自然常数来定义国际单位制（SI）中的所有单位，这开启了量子计量学的新纪元，也对下一代"秒"的定义提出了新的要求。2026 年国际计量大会将讨论利用光钟进行国际"秒"的重新定义，届时全球尺度时频传递的稳定度要达到万秒 10^{-18} 量级。

传统原子钟通过原子在微波频率（$3 \times 10^8 \sim 3 \times 10^{11}$Hz）振荡获得时频，而光钟在光频率（可见光频率范围为 $3.9 \times 10^{14} \sim 7.5 \times 10^{14}$Hz）振荡，光频率的精度比微波频率要高 $10^3 \sim 10^6$ 倍，授时精度比传统原子钟提升了 $10^2 \sim 10^3$ 倍。因此，研究人员一直想用光频率代替微波频率来激发两个超精细能阶间的跃迁。

"造表"之后还要告诉大家时间基准集体"对表"，"对表"即时间频率传递，时频传递有光纤、无线传输等多种方式，将高稳定、高效率的量子信道直接应用于时频传递是未来要发射的中高轨量子卫星的任务之一。

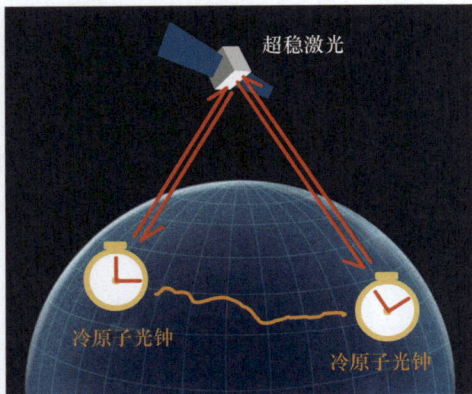

▲ 图 5-14 卫星共视千公里级时频比对

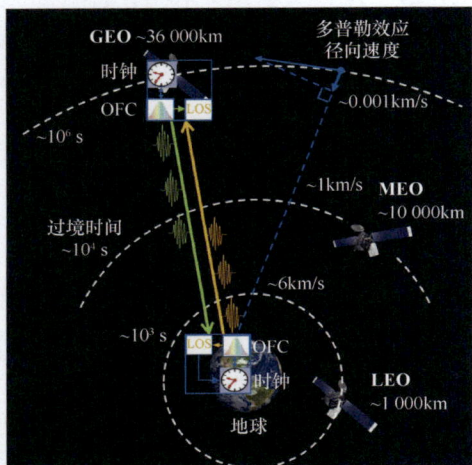

▲ 图 5-15 不同轨道星地高精度时频传递示意图

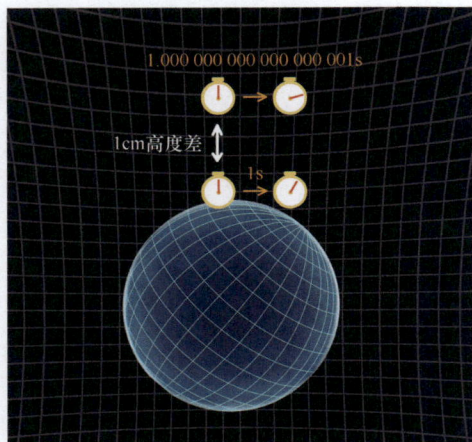

▲ 图 5-16 地面 1cm 高度差导致频率变化 10^{-18} 量级

高精度的时频传递和比对技术广泛应用于所有大尺度精密测量系统,在计量科学、相对论检验、引力波探测、广域量子通信、深空导航定位等方面具有重要应用价值。超长距离高精度时频传递和比对是国际计量和精密测量急需解决的难题,目前,星地传递方式被认为是解决该问题的最可行方案。中高轨量子卫星发射之后,利用空间量子科学实验平台,基于光梳的光学双向时频传递方案,可以实现广域、长时间、高稳定的时频传递,原理上可以实现万秒 10^{-21} 量级稳定度的时频比对,方案原理如图 5-14 和图 5-15 所示。

基于光纤链路的精密频率传递和时间同步是目前重要的时频传递手段,在其具体方案实施中,采用电子学和光学结合的方法进行系统设计,同时检测光纤传输链路中由温度、机械振动等引起的相位抖动并利用主动补偿的手段对其进行稳定。

但基于地面光纤的时频网络无法跨越海洋和高山,天基微波链路和脉冲激光比对精度低,为 10^{-16} 量级,并且由于地面遥远地点之间的时频比对受到固态潮汐、地壳运动等影响的限制,经传统方法修正后稳定度的最优极限也仅为 10^{-19}~10^{-18} 量级,如图 5-16 所示。在低轨平台上的时频传递,其过境时间短,约为 10min,无法进行长时间的时频比对,且低轨平台(距地 400km 内)的引力场噪声和地面噪声在同一量级,并无太大区别。

利用未来的高轨量子卫星(距地 36 000km 以上)开发的光学时钟,因其具有更低的引力场噪声环境，且深空远离地月间引力影响，光钟稳定度理论上能达到 10^{-21} 量级甚至更好，实现超高精度光学频率标准，在全球建立新的时间基准。这种超高精度光学时钟能够满足广域量子通信的超高精度时间同步要求。此外，多个基于空间的超高精度光学时钟还可以帮助科学家探测引力波和暗物质，特别是补充现有的引力波探测技术，在 1~10Hz 频段提供有效的探测信号。

2021 年 4 月，"墨子号"研发团队实现了长距离大损耗自由空间高精度时间频率传递实验，从大气噪声、链路损耗、传输延迟效应等多角度仿真了高轨量子卫星星地高精度时频传递，验证了基于中高轨量子卫星实现万秒 10^{-18} 量级稳定度的星地时频传递的可行性，为未来空间光频标科学实验和洲际光钟频率传递和比对奠定基础。该成果发表在国际学术期刊 *Optica* 上。

5.4.2　空间量子物理基础问题检验

"墨子号"量子科学实验卫星的成功发射不仅向我们展示了实现全球尺度的量子安全通信网络的可行性，还向我们展示了在空间尺度上进行量子物理基础测试的新方法，这将极大地拓宽量子力学的研究方向，有助于人们在更深的空间层次上认识基础物理科学问题。"墨子号"发射成功，迈向这一空间规模基础研究的第一步已经实现了，例如目前已经实现的超过 1 200km 的贝尔测试。

在本小节中，我们将简要介绍两个基于中国未来高轨卫星计划的量子物理空间尺度基础实验。

1. 基于更大空间尺度上的纠缠分发的进一步实验

根据爱因斯坦的局域实在论，贝尔不等式的最大值为 2。但根据量子力学，这个量的最大值可以达到 $2\sqrt{2}$。几十年来，物理学家进行了大量的实验，证实了量子力学的正确性，但仍存在一些漏洞需要进一步解决，比如自由选择漏洞和塌缩局域性漏洞。

自由选择漏洞是指决定贝尔测试测量基选择的随机数生成器可能是

先验相关的，因此测量基的选择并不是真正独立和随机的。

塌缩局域性漏洞，也被称为"薛定谔的猫"的漏洞，是指根据"薛定谔的猫"的思想实验，测量结果是有争议的，例如，在一个封闭的黑盒子中，猫的状态是直到被人类意识记录下来才被定义的。这意味着已实现的"事件"从来没有被类空间分离过。

为了解决这两个漏洞，可行的解决方案之一是与人类观察者一起进行贝尔测量实验。这样，测量的依据可以由人的自由意志来选择，测量的结果也可以由人的意识来定义。由于这样的实验需要量子信号传输时间超过人类反应时间，通常是100ms，因此实验者必须确保在1光秒的量级上进行纠缠分发。由此一来，在地球和月球之间进行纠缠分发可能是一个不错的解决方案。

如图5-17所示，纠缠的光子对将从地月拉格朗日点之一被发送到地球和月球，两台探测器之间的距离将超过1光秒，因此以上两个漏洞都可以被关闭。

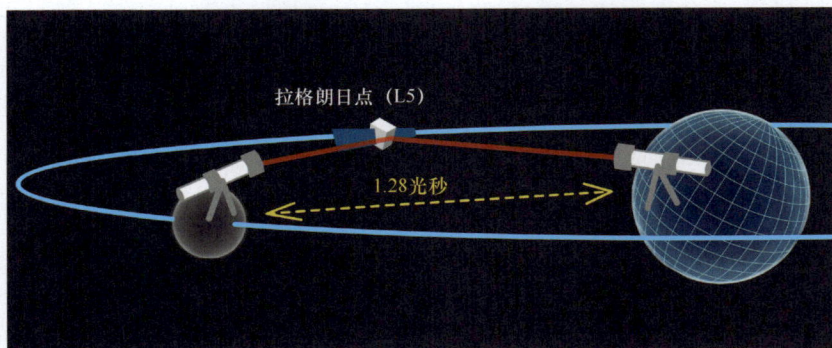

► 图5-17 在地球和月球之间进行贝尔测试的方案

拉格朗日点（L5）

1.28光秒

2. 测量引力场中的量子效应

量子力学和广义相对论的出现从根本上改变了我们对大自然的理解。然而，任何试图将量子力学与广义相对论相结合的理论都遇到了巨大的挑战。在目前已知的4种基本相互作用中，电磁相互作用、弱相互作用和强相互作用已被量子化统一，只有引力作用的量子化问题一直悬而未决。检验量子力学和广义相对论的相互作用将有助于建立4种基本相互作用的大统一理论。

所有先前的广义相对论测试都可以在经典物理学的框架内进行描述，然而，光子的量子干涉为探测弯曲时空中的量子力学提供了更佳的方法。单光子干涉是一种可以证明量子力学中波粒二象性和互补性的现象。如果在单光子实验中引入时间膨胀的概念，并且各臂的时间膨胀差异与光子的相干时间相当，那么量子干涉的可见性就会下降。这种引力诱导退相干的预测效应将为量子力学中真正的广义相对论概念提供最可能的测试。

如图 5-18 所示，在广义相对论的框架内探测量子干涉，通过将两个完全相同的干涉仪结合起来，并将它们分别安装在地面站和高轨量子卫星上，可以实现一个典型的单光子干涉实验方案。

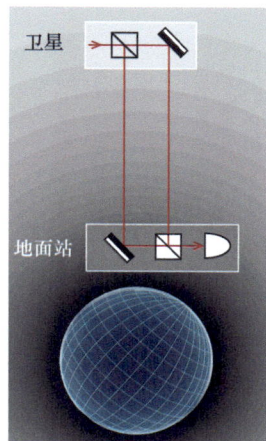

▲ 图 5-18　基于高轨量子卫星的单光子干涉实验场景

5.4.3　天地一体化量子通信网络

从实用化技术的角度，研究人员希望构建完整的天地一体化量子通信网络技术体系，如图 5-19 所示，推动量子通信技术在 5G、政务、金融和能源等领域率先加以广泛应用，实现量子保密通信网络和经典通信网络的无缝衔接，为形成具有国际引领地位的战略性新兴产业和下一代国家信息安全生态系统奠定基础。

在不久的未来，天上会有由多功能中高轨量子卫星和实用化低轨微纳量子卫星组成的星座，能够更好地远距离链接移动目标。中高轨量子卫星、低轨量子卫星构成的星座和地面上的多横多纵的光纤量子网络连在一起，就可以构建实用的全球化广义量子保密通信网络。

除了上述提到的发展前景，拥有超高空间分辨率的"宇宙望远镜"也可能实现。研究人员计划基于未来的量子星座，结合广域量子保密通信网络技术，利用广域量

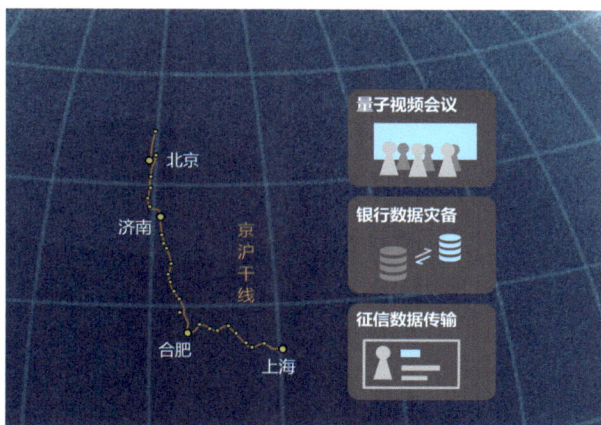

▲ 图 5-19　量子保密通信网络示意图

子隐形传态汇聚全球范围望远镜接收到的光子，构建一个等效口径为地球截面大小的"望远镜"。这种"望远镜"如果实现，就会具有超高的空间分辨率，能从地球观测到木星轨道上汽车牌照大小的物体。

　　未来，在"量子星座"诞生后，量子科技还将迎来更多的可能。发射高轨量子卫星时，首先将卫星发射到一个较低的轨道，再逐步变到高轨上。卫星在变轨时可以帮助我们探索新的引力红移的探测方法，开展中频段引力波探测、探测暗物质对基本常数的影响，以及国际基本计量单位传递能力等物理学基本原理检验，量子纠缠、量子非定域性和量子引力等方面的研究也可以随之展开。在可预见的未来，地月量子纠缠分发也终将成形，量子卫星可以在地球和月球之间建立起超长的纠缠分发，将贝尔不等式的验证搬上月球。

　　量子信息主导的第二次量子革命正在向我们走近，它给了我国一个从经典信息技术时代的跟随者和模仿者转变为未来信息技术引领者的历史机遇。量子科学实验卫星项目将在国际上率先掌握能够形成先发优势、引领未来发展的颠覆性空间量子技术，率先建立下一代安全、高效、自主、可控的信息技术体系，推动我国的信息技术和产业核心竞争力实现跨越式的提升。这一切的成功都离不开党和国家的大力支持，离不开背后每一位科研工作者的辛勤努力。

　　现如今，以世界首颗量子科学实验卫星"墨子号"为代表的中国科技力量，完成了诸多国际领先成果。在科技创新高速发展之际，青年人更要有青年人的担当，始终站在引领科技创新的时代潮头，把好新时代中国航行的舵，在风浪之中奋勇前行！

插画：物狸子 LePtC、唐亚秋